EUL VERLAG

Schriften zu Familienunternehmen · Band 3

Herausgegeben vom Wittener Institut für Familienunternehmen

Dr. Felix Georg Fabis

Konflikte im Familienunternehmen

Instrumente zur Vermeidung und Lösung

EUL VERLAG

Bibliografische Information der Deutschen Nationalbibliothek

Die Deutsche Nationalbibliothek verzeichnet diese Publikation in der Deutschen Nationalbibliografie; detaillierte bibliografische Daten sind im Internet über <http://dnb.d-nb.de> abrufbar.

ISBN 978-3-89936-868-0
1. Auflage Dezember 2009

Die dieser Arbeit zugrundeliegende Dissertation ist 2007 im Logos Verlag Berlin unter dem Titel „Gesellschafterkonflikte in Familienunternehmen – Vermeidungs- und Lösungsstrategien auf gesellschaftsvertraglicher und individualvertraglicher Ebene" erschienen.

JOSEF EUL VERLAG GmbH
Brandsberg 6
53797 Lohmar
Tel.: 0 22 05 / 90 10 6-6
Fax: 0 22 05 / 90 10 6-88
E-Mail: info@eul-verlag.de
http://www.eul-verlag.de

Bei der Herstellung unserer Bücher möchten wir die Umwelt schonen. Dieses Buch ist daher auf säurefreiem, 100% chlorfrei gebleichtem, alterungsbeständigem Papier nach DIN 6738 gedruckt.

Inhaltsverzeichnis

1. Einleitung

„So etwas gibt es bei uns nicht!“ Dies ist die typische Reaktion von Familienunternehmern, wenn man sich bei ihnen erkundigt, welche Vorsorge sie für den Fall des Auftretens von Konflikten innerhalb des Gesellschafterkreises ihres Unternehmens oder innerhalb der Unternehmerfamilie getroffen haben. Regelmäßig lautet der nächste Satz, meistens mit Nachdruck in der Stimme: „So etwas brauchen wir nicht!“
Diese Reaktion von Familienunternehmern macht deutlich, dass Konflikte innerhalb des Gesellschafterkreises oder innerhalb der Unternehmerfamilie stigmatisiert werden. So verständlich es ist, dass kein Familienunternehmer gern an Auseinandersetzungen innerhalb des Unternehmens denken möchte, so wichtig ist es doch, für den Fall der Fälle Vorsorge zu treffen. Denn der größte Vorteil von Familienunternehmen ist zugleich deren Achillesferse: Familienunternehmen sind maßgeblich durch die soziale Struktur „Familie“ geprägt. Dieser Kontinuität stiftende Faktor kann jedoch zugleich Schwierigkeiten auslösen, die den Bestand des Unternehmens an sich oder die Fortexistenz als *Familien*unternehmen bedrohen können. Dabei handelt es sich zu einem großen Teil um Konfliktfelder, die aus der Überlagerung der natürlichen und notwendigen Interessengegensätze zwischen *Unternehmen* und *Familie* entstehen. Während in der Familie Entscheidungen aus persönlichen, emotionalen Motiven und im Hinblick auf die soziale Verbundenheit getroffen werden, treten in Unternehmen, auch in Familienunternehmen, rein rationale, überwiegend ökonomische Motive bei der Entscheidungsfindung in den Vordergrund. In einem Familienunternehmen treffen diese beiden Entscheidungsmuster schließlich ungebremst aufeinander.

Gegenstand der Untersuchung, auf der die nachfolgenden Seiten basieren, ist die Darstellung rechtlicher Methoden[1], mit denen solche Konflikte möglichst im Vorfeld vermieden und im Falle ihres Auftretens ohne oder mit den geringstmöglichen Beeinträchtigungen für Familienunternehmen und Unternehmerfamilie beigelegt werden können. Dem liegen zwei Zielrichtungen zugrunde: Zum einen ist der beste Konflikt der, der gar nicht erst auftritt, sondern bereits im Vorfeld wirksam beseitigt werden kann. Zum anderen ist es für den Fall, dass dies misslingt, von großer Bedeutung, Vorkehrungen getroffen zu haben, diesen Konflikt schnell und wirksam beizulegen,

---

[1] Vgl. *Fabis* 2007, passim.

und zwar so, dass Unternehmen und Familie möglichst wenig in Mitleidenschaft gezogen werden. Nichts ist riskanter, als den Gedanken an Konflikte im Familienunternehmen zu verdrängen, da es in jedem Familienunternehmen zur Auseinandersetzungen kommen kann, denen rasch begegnet werden muss. Müsste man sich erst in diesem Zeitpunkt Gedanken machen, wie der Konflikt zu lösen ist, geht wertvolle Zeit verloren, und oft ist die Gelegenheit zur Eindämmung ohnehin schon längst verstrichen.

Von einem Familienunternehmen in dem für die nachfolgende Untersuchung einschlägigen Sinne kann nur gesprochen werden, wenn das Unternehmen unter dem maßgeblichen unternehmerischen Einfluss einer einzelnen oder einer sehr geringen, bestimmten Anzahl von Familien steht, die die Anteilsmehrheit hält bzw. halten. Dieser maßgeblicher Einfluss kann entweder durch eine mehrheitliche Beteiligung am Gesellschaftskapital oder durch eine der Unternehmerfamilie eingeräumte Mehrheit der Stimmrechte entstehen. Nicht erforderlich ist, dass sich die Anteile an dem Unternehmen zu 100 % in Familienhand befinden. Auch nicht erforderlich ist, dass die Unternehmerfamilie ständig und in allen Entscheidungen „durchregiert". Ausreichend ist, wenn eine solche Einflussnahme jederzeit *möglich* ist.[2]

[2] Vgl. auch die Definition bei *Kormann* 2008, S. 13 ff. (unter Ausblendung der Ausführungen zum Mittelstandsbegriff).

2. Problemlage

2.1 Konfliktpotenzial

Im Unterschied zu Streitigkeiten zwischen den Anteilseignern nicht in Familienhand stehender Unternehmen haben Konflikte zwischen Gesellschaftern von Familienunternehmen in den weitaus meisten Fällen ihren Ursprung in der komplexen Sozialbeziehung zwischen den Gesellschaftern.[3] Dies liegt an der begriffsnotwendigen gegenseitigen Bedingung von Familie und Unternehmen. Die Beherrschung eines Unternehms durch eine Familie, oftmals über Generationen, bedingt die beschriebene enge Bindung des Unternehmens an die Familie, aber auch der Familie an das Unternehmen. Während die Gesellschafter von Nicht-Familienunternehmen zumeist hauptsächlich über die Beteiligung an dem Unternehmen und höchstens nachrangig auf privater Ebene miteinander verbunden sind und sie bei unausräumbaren Auseinandersetzungen ganz einfach ihre Verbindungen kappen und damit die Arena, in der der Streit ausgetragen werden würde, verlassen können, haben die Akteure in Familienunternehmen immer zusätzlich noch die unauslöschliche verwandtschaftliche Verbundenheit. Dies verringert zugleich den Anreiz, im Falle unüberbrückbarer Differenzen aus dem Familienunternehmen auszutreten, da die familiären Bindungen zwangsläufig weiter bestehen bleiben. Auch kann diese „locked-in"-Situation dazu führen, dass eigentlich banale Konflikte zwischen familiär verbundenen Gesellschaftern als schwerwiegender empfunden und infolgedessen viel fundamentaler, mit viel größerer Motivation und mit viel schwerwiegenden Folgen ausgetragen werden als dies in Nicht-Familienunternehmen der Fall wäre. Aufgrund der Verbindung der biologische und der unternehmerischen Kontaktsphären besteht bei Familienunternehmen zudem eine viel größere Gefahr, dass unternehmensfremde Interessen auf die Unternehmensleitung an Einfluss gewinnen[4]. So können familiäre Konflikte wegen der Untrennbarkeit von Familie und Unternehmen kaum aus dem Unternehmen herausgehalten werden, wenn beide Kontrahenten in gleich welcher Form in dem Unternehmen zusammenarbeiten müssen. Umgekehrt wird es schwer möglich sein, auf Unternehmensebene ausgebrochene Konflikte nicht in irgendeiner Form im Familienkreis weiterzuführen. Damit besteht ein äußerst großes Risiko der oben beschriebenen Vermischung verschiedener Konfliktsphären. Wird ein eigentlich familiärer

[3] Vgl. *Simon* in Simon 2005, S. 48.
[4] Vgl. *Haas* in Simon 2005, S. 100.

Konflikt jedoch auf die Unternehmensebene übertragen, führt dies nahezu zwangsläufig zu einer Vernichtung materieller Werte, die in nicht wenigen Fällen im Untergang des gesamten Unternehmens gipfelte.[5] Hintertreibt ein Familiengesellschafter oder ein Gesellschafterstamm alle noch so sinnvollen, wenn nicht gar notwendigen Entscheidungen oder Initiativen eines anderen Gesellschafters oder Gesellschafterstammes allein aus der Motivation heraus, dem Gegner zu schaden und auf der persönlichen Ebene Genugtuung zu erfahren, beinhaltet dies zwangsläufig die Gefahr, dass der Konflikt eine Eigendynamik entwickelt. Schnell gerät dabei das Wohl des Unternehmens als von beiden Seiten doch eigentlich als gemeinsam anerkanntes Ziel aus dem Blickfeld. Am Ende dieser Spirale steht neben dem Ende des familiären Umgangs oftmals der wirtschaftliche Ruin des Unternehmens.

Konflikte in der Unternehmerfamilie finden regelmäßig in den folgenden Ausprägungen der Unterscheide zwischen den beiden Systemen Familie und Unternehmen ihre Ursache:

- unterschiedliche Kommunikationsmuster;
- unterschiedliche Erwartungshaltungen;
- unterschiedliche Wertschätzungsauslöser;
- unterschiedliche Austrittsoptionen;
- unterschiedliche Sanktionsmechanismen;
- unterschiedliche Belohnungsmuster;
- unterschiedliche Zielsetzungen;
- unterschiedliche Daseinsberechtigungen;
- unterschiedliche Funktionen der Akteure;
- unterschiedliche Bedeutung des Individuums.

2.1.1 Unterschiedliche Kommunikationsmuster

Die Art des Umgangs miteinander, gleich in welcher Form, unterscheidet sich auf Unternehmensebene deutlich von den Umgangsformen, die innerhalb einer Familie

[5] Vgl. *Klett*, 2007, S. 6, 9.

zu beobachten sind. Unternehmensintern dient jegliche Kommunikation der Gewinnung, Verschaffung oder dem Austausch von sachlich bedeutsamen Informationen. Inhalt und Ergebnis des Kontakts stehen im Vordergrund, ohne dass die Kommunikation einen Selbstzweck verfolgt.[6] Die Umgangsformen sind damit eher sachlich und ergebnisorientiert; die Gefühle der Beteiligten stehen dabei nicht im Vordergrund. In der Familie hingegen wird Kommunikation zwar auch zu Zwecken der Information geführt. Überwiegend verfolgen familiäre Kontakte aber den – hinzutretenden oder ausschließlichen - Zweck, soziale Beziehungen zwischen den Familienmitgliedern zu pflegen. Dabei nehmen die Gefühle, Wünsche und persönlichen Erwartungen der Beteiligten einen großen Stellenwert ein.[7] Entscheidend sind die Personen, weniger ein sachliches Ergebnis. Die Kontaktpflege innerhalb von Familien ist daher als emotional motiviert und von der persönlichen Ebene getragen zu bezeichnen.

Diese unterschiedlichen Kommunikationsformen treffen in Unternehmerfamilien schließlich ungebremst aufeinander. Das Risiko von Konflikten entsteht dabei zunächst dadurch, dass es zu Vermischung der beiden Kommunikationssphären kommen kann, wenn etwa im Kreise der Familie über unternehmensbezogene Themen gesprochen wird oder umgekehrt.[8] Zu Konflikten kann weiterhin führen, dass der Wechsel zwischen den beiden Kommunikationsformen evtl. nicht von allen Beteiligten vollzogen oder das Erfordernis einer sachlichen, emotionslosen Kommunikationsform auf Unternehmensebene generell nicht auf Verständnis trifft. So kann es auf Familienmitglieder trotz jahrelanger Gewöhnung befremdlich wirken, wenn von der privaten unvermittelt zur unternehmenstypische Kommunikationsform gewechselt wird. Auch sind Akzeptanzprobleme denkbar, wenn die Kommunikation zwischen Familienmitgliedern auf der Unternehmensebene ohne die vondem familiären Umgang gewohnten persönlichen Elemente verläuft.
Für sich genommen mögen diese Effekte nicht immer so schwer wiegen, dass sie den alleinigen Auslöser für Konflikte darstellen. Sie können jedoch einen Baustein für die Entstehung eines solchen Konflikts bilden, der durch das Hinzutreten anderer Faktoren zum Ausbruch kommen kann.

---

[6] Vgl. *Klughardt* in Hinterhuber/Rechenauer/Stumpf 1994, S. 107.
[7] Vgl. *Wimmer/Groth/Simon* 2004, S. 20.
[8] Vgl. *Wieselhuber/Lohner/Thum* 2005, S. 19.

2.1.2 Unterschiedliche Erwartungshaltungen

Innerhalb von Unternehmen, gleich ob in Familienhand oder nicht, richten die Akteure aneinander den Anspruch, zum Fortkommen der Gesellschaft beizutragen. Es zählt mithin ausschließlich ein rationales, zumeist objektiv messbares Ergebnis. In Familien hingegen erwarten die Mitglieder voneinander vielschichtigere, weniger ergebnisorientierte Verhaltensweisen wie z. B. den Ausdruck von Liebe, Fürsorge, Loyalität und Haltung. All dies sind emotionale Aspekte, die nicht objektiv messbar sind. Die in Unternehmen und Familie aneinander gerichteten Erwartungen schließen sich zwar nicht in vollem Umfang aus, weisen jedoch nur geringe Schnittmengen auf. Bedingt durch diese Gemengelage sind enttäuschte wechselseitige Erwartungen innerhalb des Gesellschafterkreises von Familienunternehmen ein sehr wahrscheinlicher Effekt.

Besonders erwähnenswert ist hierbei der Aspekt der Gerechtigkeit. In Familie oder wie in Unternehmen erwarten alle Beteiligten voneinander ein gerechtes Verhalten. Allerdings ist dieser Begriff von dem jeweiligen Erwartungsmuster geprägt und in den beteiligten Sphären unterschiedlich belegt: Während in der Familie Gerechtigkeit zumeist bedeutet, dass jede Zuwendung, ob materiell oder immateriell, einem Gleichmaß unterliegen soll, ohne das persönliche Eigenschaften, Fähigkeiten oder Leistungen dabei eine herausgehobene Rolle spielen, äußert sich Gerechtigkeit in einem Unternehmen nahezu ausnahmslos darin, dass Zuwendungen als Gegenleistung für erbrachte Leistungen betrachtet werden. Diese Divergenz ist für Angehörige der Unternehmerfamilie im konkreten Fall oftmals schwer annehmbar, auch wenn sie rational nachvollzogen und abstrakt akzeptiert wird. Eine subjektiv ungerechte Behandlung allerdings bildet in vielen Fällen die Quelle für ernsthafte Konflikte innerhalb der Unternehmerfamilie und damit auch innerhalb des Familienunternehmens.[9]

2.1.3 Unterschiedliche Wertschätzungsauslöser

Spiegelbildlich zu den in Familien und Unternehmen aneinander gestellten Erwartungen stehen die Gründe, die die Wertschätzung des anderen innerhalb des jeweiligen Systems auslösen. In Unternehmen wird Wertschätzung für andere, gleich ob für

[9] Vgl. *Hennerkes* 2004, S. 60.

Mitarbeiter oder Mitgesellschafter, in aller Regel durch dessen Beitrag zu dem gemeinsamen wirtschaftlichen Ziel, mithin durch Leistung ausgelöst.[10] Auf die Persönlichkeit des anderen kommt es dagegen nur auf nachgelagerter Ebene an. Dagegen entscheidet in der Familie nicht die individuelle Leistung und auch nicht ausschließlich die Persönlichkeit über das Maß der entgegengebrachten Wertschätzung.[11] Diese wird vielmehr allein durch die Zugehörigkeit des Betreffenden zu der sozialen Struktur Familie begründet.[12] Wird einem Mitglied der Unternehmerfamilie in der Sphäre des Unternehmens aufgrund seiner Leistungsbilanz eine geringe Wertschätzung zuteil, mag dies mit der Wertung auf Familienebene kollidieren. Eine mögliche Verstimmung über diese unterschiedlichen Wertschätzungssysteme birgt die Gefahr, dass sie zum Auslöser von Konflikten wird, die innerhalb der Unternehmerfamilie zum Ausbruch kommen kann.

2.1.4 Unterschiedliche Austrittsoptionen

Ein wesentlicher Unterschied zwischen Unternehmen und Familie besteht in den sehr unterschiedlichen Austrittsmöglichkeiten. Einem Gesellschafter steht es grundsätzlich frei, nicht nur das Unternehmen zu verlassen – gleich ob durch Kündigung des Angestelltenverhältnisses, durch Niederlegung einer Führungsposition oder durch Veräußerung der Beteiligung. Daneben steht es ihm völlig offen, auf privater Ebene von jedem Kontakt zu den früheren Mitgesellschaftern und Mitarbeitern gänzlich Abstand zu nehmen. Der Austritt aus einem nicht in Familienhand stehenden Unternehmen ist mithin so grundsätzlich wie restlos möglich. Anders verhält es sich hingegen bei der Familie: Ein Verlassen dieses sozialen Systems ist strukturbedingt quasi unmöglich. Die Angehörigkeit zu diesem sozialen System basiert mit der biologischen Abstammung auf einem Tatbestand, der nachträglich nicht beseitigt werden kann. Zwar verbleibt selbstverständlich die Option, den Kontakt mit den Verwandten einzustellen. Das Verwandtschaftsverhältnis an sich hingegen bleibt als ständiges Band vorhanden.

[10] Vgl. *Wieselhuber/Lohner/Thum* 2004, S. 18.
[11] Vgl. *Wimmer/Groth/Simon* 2004, S. 21.
[12] Vgl. *Simon/Wimmer/Groth* 2005, *S. 35.*

Dieses völlige Fehlen einer nachhaltigen Austrittsoption kann vorhandene Konflikte verschärfen, indem die Umgehungsoption vollständig entfällt. Die Kontrahenten können sicher sein, auch künftig eine Identifikation mit dem anderen nicht völlig vermeiden zu können. Dies kann Antipathien verstärken, so dass das Risiko des Ausbruchs eines Konflikts zwischen den Beteiligten steigt.

2.1.5 Unterschiedliche Sanktionsmechanismen

Unterschiede bestehen zwischen Familie und Unternehmen auch im Hinblick auf die Möglichkeiten, mit denen etwaiges Fehlverhalten sanktioniert werden kann. Innerhalb des Gesellschafterkreises eines Unternehmens steht ein formalisierter Maßnahmenkatalog zur Verfügung, mittels dessen unsachgemäßes Verhalten mit Konsequenzen belegt werden kann. Äußerstenfalls besteht die Möglichkeit der Kündigung der Gesellschaft oder der Ausschlißung des betroffenen Gesellschafters. Anders verhält es sich in der Familie, in der zwar die Möglichkeit besteht, unerwünschte Verhaltensweisen beispielsweise durch eine Reduzierung des Umgangs miteinander oder durch eine weniger herzliche Kommunikation zu sanktionieren. Die Möglichkeit einer Ausschließung als ultima ratio hingegen verbleibt nicht. Indem sich eine Familie eines unerwünschten Mitglieds jedoch nicht entledigen kann, können einerseits durch das Zusammentreffen nicht harmonierender Charaktere immer neue Konflikte entstehen, andererseits kann bereits bestehenden Konflikten nicht durch eine rückstandslose Entfernung eines der Beteiligten aus dem Umfeld die Plattform entzogen werden.

2.1.6 Unterschiedliche Belohnungsmuster

Konfliktträchtige Unterschiede zwischen Familie und Unternehmen ergeben sich auch im Hinblick auf die anzuwendenden Muster materieller Belohnungen, durch die ein Zustand der Gerechtigkeit herbeigeführt werden soll. In Unternehmen ist es üblich, erbrachte Leistungen sowie erzielte Erfolge zu honorieren, namentlich durch die Entlohnung für erbrachte Tätigkeiten und/oder besondere Vergütungen für das Erreichen bestimmter Ziele. Nicht in dem Unternehmen tätige Gesellschafter sind über die Gewinnausschüttung an dem Unternehmensergebnis beteiligt. Belohnungen sind hier ein Teil eines Anreizsystems mit dem Ziel der Förderung eines übergeordneten wirtschaftlichen Zwecks.

In Familien werden Belohnungen zumeist nicht an die Erbringung wirtschaftlicher Leistungen oder monetär messbarer Erfolge geknöpft und sind typischerweise im Eltern-Kind-Verhältnis anzutreffen. Sie müssen nicht erarbeitet, nicht „verdient“ werden, sondern werden aufgrund der bestehenden verwandtschaftlichen Beziehung vergeben. Meist werden materielle Vorteile unter den Empfängern verteilt oder Abstufungen anhand der persönlichen Bedürfnisse des anderen vorgenommen.[13]

Werden Kinder dann dem familieneigenen Unternehmen tätig, kann die Überlagerung der familieninternen Belohnungsmuster durch unternehmerische Anreizsysteme zu einer subjektiven Benachteiligung des Eintretenden führen. War dieser zuvor daran gewöhnt, Belohnungen zu erhalten, ohne dafür bestimmte Erfolge erzielen zu müssen, tritt nun das leistungs- und ergebnisbezogene Belohnungssystem hinzu. Diese Vermengung zweier Muster kann schwerwiegende Konflikte innerhalb von Unternehmerfamilie und Familienunternehmen auslösen.[14] Der Grund hierfür liegt in der verbreitet anzutreffenden Unfähigkeit, die beiden unterschiedlichen Systeme gedanklich von einander zu trennen und die eigene Rolle in dem jeweiligen Zusammenhang zu sehen.[15]

2.1.7 Unterschiedliche Zielsetzungen

Schwierigkeiten kann auch die unterschiedliche Zielsetzung von Familie und Unternehmen auslösen. Während in Unternehmen systembedingt der wirtschaftliche Erfolg im Vordergrund steht, kommt es in der Familie – abgesehen von der arbeitsteiligen Schaffung einer gemeinsamen wirtschaftlichen Lebensgrundlage – nicht auf in Geld messbare, sondern ausschließlich auf emotionale Zielsetzungen an.[16] Eine Trennung dieser beiden Orientierungen ist aufgrund der notwendigen gegenseitigen

[13] Vgl. *Simon/Wimmer/Groth* 2005, S. 37.
[14] Vgl. *Hennerkes* 2004, S. 60.
[15] Vgl. *Baus* 2003, S. 24.
[16] Vgl. *ebd.*, S. 86.

Bedingung von Familie und Unternehmen in einem Familienunternehmen unmöglich. Gelingt es einem Beteiligten jedoch nicht, diese beiden Zielvorgaben voneinander zu trennen, birgt dies enormes Potential für Missverständnisse durch das Gefühl persönlicher Zurücksetzung und damit für eine geradezu klassische Konfliktursache in Familienunternehmen.

2.1.8 Unterschiedliche Bedeutung des Individuums

Unternehmen und Familien unterscheiden sich zudem sehr deutlich hinsichtlich der Austauschbarkeit der Akteure. In einem für die Zukunft gesicherten Unternehmen ist es von grundlegender Bedeutung, dass jeder, die zentralen Personen in der Unternehmensführung eingeschlossen, ersetzbar sein muss.[17] Ist ein Unternehmen von einer einzigen Person abhängig, ist das rasche oder zumindest verzögerte Ende des Unternehmens bei Weggang oder Tod dieser zentralen Figur besiegelt. Daher ist eine solche Monozentrierung keine Gestaltung, bei der die Zukunft eines Unternehmens als gesichert gelten kann. Der optimale Zustand ist der der Austauschbarkeit der Handelnden. *Simon* verwendet die Formel: „Im Unternehmen bleiben die Spielregeln der Interaktion und Kommunikation relativ konstant, aber die Spieler (können) wechseln."[18] In Familien hingegen ist es genau umgekehrt: Hier bleiben die beteiligten Personen identisch, austauschbar sind lediglich deren Aufgaben.[19] Ist ein Familienmitglied gehindert, eine ihm zufallende, notwendige Aufgabe wahrzunehmen, springt ein anderer Angehöriger ein. Entscheidend ist damit auch unter diesem Blickwinkel nicht die Leistungsfähigkeit des Einzelnen, sondern dessen bloße Existenz.

Der wesentliche Unterschied zu Unternehmen ist somit die fehlende Kündbarkeit der Beziehungen. Muss die Rolle eines Mitglieds der Unternehmerfamilie in Familienunternehmen neu besetzt werden, so widerspricht dies den natürlichen Erwartungen des Familienmitglieds an seine Angehörigen. Dieses Aufeinandertreffen von Austauschbarkeit und Kontinuitätserwartung birgt erhebliches Konfliktpotenzial.

[17] Vgl. *Simon* in Simon 2005, S. 21.
[18] *ebd.*
[19] Vgl. *Klughardt* in Hinterhuber/Rechenauer/Stumpf 1994, S. 103.

2.2 Verkörperung dieser Konfliktquellen

Nahezu notwendige Folge des Aufeinandertreffens dieser Gegensätze sind einige typische Konfliktquellen, die einzeln oder im Zusammenwirken auftreten können. So können die Mitglieder der Unternehmerfamilie unterschiedliche Ziele verfolgen oder sich ungerecht behandelt fühlen, oder können Missverständnisse aufgrund fehlerhafter, missverständlicher oder unzureichender Informationsgewährung auftreten.[20] Gesellschafterkonflikte können weiter in einem – tatsächlich oder gefühlt – gestörten Austauschverhältnis zwischen den Gesellschaftern, in Differenzen über Fragen der Geschäftsführung, einem gestörten Vertrauensverhältnis und/oder in opportunistischem Verhalten ihren Ursprung haben.[21] Zwei Aspekte potenzieren diese Konfliktursachen: einerseits das Fehlen der ansonsten einfachsten, effektivsten und gebräuchlichsten Vorgehensweise, den Konflikt durch völliges Meiden des Kontrahenten zu entgehen, andererseits die Tatsache, dass die Basis gegenseitiger Beziehung niemals frei gewählt werden konnte.

Obwohl in den genannten Konfliktursachen die wesentliche Grundlage für Auseinandersetzungen innerhalb von Familienunternehmen liegt, bedarf es für den Ausbruch solcher Konflikte regelmäßig eines weiteren Anlasses. Ohne einen solchen Anlass ist das Zutagetreten von Gesellschafterkonflikten zwar möglich. Jedoch tritt vielfach ein weiterer, rational nachvollziehbarer Faktor hinzu, anhand dessen eine schwelende Konfliktlage ausbricht. Im Verlauf der folgenden Seiten sollen auch diese rationalen Auslöser betrachtet und Möglichkeiten zur Konfliktvermeidung und –lösung vorgestellt werden.

---

[20] Vgl. *Hennerkes* 2004, S. 60.
[21] Vgl. *Böhm* 2000, S. 61.

3. Instrumentarien zur Konfliktvorbeugung und -lösung

Nachfolgend sollen die verschiedenen Instrumentarien, mit denen Konflikte im Vorfeld vermieden und/oder im Falle ihres Auftretens gelöst werden können, zunächst abstrakt und ohne Zuordnung zu einzelnen Konfliktanlässen dargestellt werden. Generell zu unterscheiden ist zwischen solchen Instrumentarien, die primär auf Familienebene wirken, und jenen Instrumentarien, die ihren ersten Ansatzpunkt auf Unternehmensebene haben. Diese Einteilung darf jedoch nicht darüber hinwegtäuschen, dass aufgrund der engen Verflechtung in Familienunternehmen jede Maßnahmen im Ergebnis auf beiden Ebenen wirkt. Lediglich die Punkte des ersten Zugriffs unterscheiden sich.

3.1 Instrumentarien auf Familienebene

Zusammen mit der *Corporate Governance*, die sich mit Regelung zu optimalen Leitung und Überwachung von Unternehmen befasst,[22] bildet die *Family Governance* den unter dem Oberbegriff *Governance* zusammenzufassenden Bereich der auf ein ordnungsgemäßes Verhalten abzielenden Maßnahmen-Kataloge sowohl im Unternehmens- als auch im Familienbereich. Währen die Corporate Governance neben den Interessen der Unternehmenseigener auch das Interesse der Öffentlichkeit an einer geordneten Marktwirtschaft verfolgt, dient die Family Governance ausschließlich dem Zweck, Familienunternehmen vor den Auswirkungen von Verwerfungen in der Unternehmerfamilie zu schützen.[23]

3.1.1 Familienverfassung

Erster Bestandteil des Kataloges familienbezogener Vorsorgeregelungen ist die sog. Familienverfassung.[24] Dabei handelt es sich um ein von den Familienmitgliedern – und zwar allen Familienmitgliedern, unabhängig davon, ob sie Anteile halten – selbst erarbeitetes Regelwerk, das die Zielsetzung der Familie hinsichtlich ihrer Haltung

---

[22] Vgl. umfassend zur Corporate Governance in Familienunternehmen *Iliou* 2004, passim.
[23] Vgl. *Baus* 2003, S. 135 ff.
[24] Vgl. *Hennerkes* 2004, S. 61 ff. Auch als *Familiencharta* bezeichnet, vgl. *Baus* 2003, S. 15.

zueinander und zu dem gemeinsamen Unternehmen festlegt. Dieses Instrumentarium kann einen wichtigen Beitrag dazu leisten, die Rollen der Mitglieder der Unternehmerfamilie zu definieren und eine gemeinsame, von allen miterarbeitete Basis zur Behandlung der Beteiligung zu schaffen. Legen die Mitglieder der Unternehmerfamilie deutlich fest, welche Erwartungen sie aneinander stellen und spiegelbildlich, welche Selbstverpflichtung sie eingehen, schafft dies für den einzelnen eine klare Basis von Verhaltensanforderungen, die er einerseits von den anderen erwarten kann, andererseits selbst einzuhalten hat.

Wichtig ist, dass die Familienverfassung von allen Mitgliedern der Unternehmerfamilie *selbst und gemeinschaftlich* erarbeitet und unterzeichnet wird, und zwar unabhängig davon, ob alle Familienmitglieder auch an dem Unternehmen beteiligt sind. Denn durch die enge Bindung der Familie an das Unternehmen und umgekehrt gewinnen zwangsläufig auch nicht am Gesellschaftskapital beteiligte Familienmitglieder mittelbaren Einfluss auf das Unternehmen. Haben sich auch diese nicht beteiligten Familienmitglieder in die gemeinsame Haltung dem Unternehmen gegenüber eingebracht und damit ihre Erwartungen an sich und die anderen niedergelegt, verringert sich das Risiko, dass von diesen Akteuren Spannungen oder Störungen ausgehen. Auf diesem Wege können nicht beteiligte Familienangehörige einerseits an dem anzustrebenden Postulat des Vorranges der Unternehmens- vor den Gesellschafterinteressen beteiligt und sie hinsichtlich evtl. Abgrenzungsschwierigkeiten gehört werden, andererseits wird ihnen durch diese Einbindung das berechtigte und sehr nützliche Gefühl gegeben, sich bei der Formulierung der Belange der Unternehmerfamilie mit eingebracht zu haben. Dies kann dazu beitragen, die Distanz nicht beteiligter Familienangehöriger zu der Familiengesellschaft und den anteilseigenden Familienmitgliedern zu verringern, durch eine solche „gefühlte Beteiligung" das Verbundenheitsgefühl mit dem Unternehmen zu erhöhen und damit zugleich das Konfliktpotential zu reduzieren.

Bei der Familienverfassung handelt es sich um eine reine Absichtserklärung, die keine unmittelbare rechtliche Wirkung besitzt und diese auch nicht besitzen soll. Ihre Funktion besteht lediglich und weitergehend darin, einen bestimmten Verhaltens- und Wertekodex aufzustellen, der die Grundzüge der Bindung der Unternehmerfamilie an das Familienunternehmen regelt und dabei eine ausschließlich moralische Verpflichtung begründet. Dabei ist eine Familienverfassung nicht ohne jede Rechtswirkung: Sie kann unter Umständen – namentlich dann, wenn wie vorgesehen alle Gesellschafter die Familienverfassung mit unterzeichnet haben – bei Unklarheiten oder Meinungsverschiedenheiten über die Auslegung des Gesellschaftsvertrages als Auslegungshilfe herangezogen werden. Überdies kann bei Änderungen des Gesellschaftsvertrages von ihr ein indirekter Einfluss dergestalt ausgehen, dass auch dieses Vertragswerk von den in der Familienverfassung niedergelegten Normen und Werten geprägt wird.

Im Gegensatz zu dem Gesellschaftsvertrag wird die Familienverfassung umgangssprachlich oder zumindest allgemein verständlich abgefasst.[25] Auch sollte keinesfalls ein vorgefertigtes Muster verwendet werden, sondern die Familienverfassung durch Mitwirkung aller Beteiligter selbständig erarbeitet werden. Strittige Fragen sollten dabei nicht durch Mehrheitsentscheid geklärt, sondern nach dem Konsensprinzip gelöst werden. Abschließend sollte die so geschaffene Familiencharta von allen Familienmitgliedern als affirmativer Akt, gleich einem abschließenden Bekenntnis zu ihrem Inhalt, gemeinschaftlich unterzeichnet werden.

Inhaltlich kann eine Familienverfassung sehr frei nach den Vorstellungen der beteiligten Familie gestaltet werden. Generalisierende Aussagen zu einem allgemeingültigen Mindestinhalt lassen sich wegen der Verschiedenartigkeit der Bedürfnisse des einzelnen Familienunternehmens und der Vorgabe, dass jede Unternehmerfamilie den Inhalt selbständig erarbeiten sollte, nicht treffen.[26] Da die unmittelbaren Rechtswirkungen, wie geschildert, ohnehin sehr begrenzt sind, sind keine näheren rechtlichen Rahmenbedingungen zu beachten. Exemplarisch kann sich eine Familienverfassung zu den folgenden Bereichen verhalten:

- Festlegung der Trennung der Rollen als Mitglieder der Unternehmerfamilie einerseits und als etwaige Akteure in dem Familienunternehmen andererseits;
- Sicherung des innerfamiliären Zusammenhalts;

[25] Vgl. *Hennerkes* a.a.O.
[26] Vgl. *Hennerkes* 2004, S. 61 f.

- Rechte und Pflichten der Familienmitglieder untereinander;
- Prägung des Unternehmens durch die Familie;
- Umfang der zulässigen Beeinflussung der Familie durch das Unternehmen;
- Auftreten der Unternehmerfamilie in der Öffentlichkeit;
- Zulässigkeit von Äußerungen über Unternehmen und Familie in den Medien;
- Wertekanon der Unternehmerfamilie;
- Zielsetzung der Gesellschafterfamilie in Bezug auf das Unternehmen, insbesondere hinsichtlich Eigenkapitalquote und angestrebter Rendite;
- rechtliche und organisatorische Struktur des Unternehmens;
- grundsätzliche Vorstellungen über die theoretische Zulässigkeit einer Veräußerung des Familienunternehmers;
- finanzielle Ausstattung der im Unternehmen mitarbeitenden Gesellschafter;
- Ausschüttungspolitik;
- erwünschte Rechtsstellung der angeheirateten Ehepartner;
- Informationsrechte der Familie;
- Haltung der Familiengesellschafter zur Geschäftsführung;
- verfahrensmäßige Regelung zur Beteiligung von Streitigkeiten;
- Etablierung eines Familientages und/oder eines Familienrates;
- Regelungen zum Ausstieg von Gesellschaftern.[27]

Die befriedende Wirkung der Familienverfassung liegt nicht nur in der Klarstellung der wechselseitigen Rechte und Pflichten, Erwartungen und Bereitschaften aller Mitglieder der Unternehmerfamilie, sondern wird zudem durch die gemeinschaftliche Erarbeitung durch alle Familienmitglieder bedingt. Indem der gesamte, auch der nur mittelbar betroffene, Personenkreis eingeladen ist, seine Vorstellungen zu Papier zu bringen, erhält die Familienverfassung den Charakter eines gemeinschaftlichen Regelwerkes, in dem alle Beteiligten ihren Beitrag wiederfinden können. Diese gemeinsame Basis schafft eine viel höhere Akzeptanz der kodifizierten Grundsätze und Regeln, als sie ein übernommenes, leidlich angepasstes Standardregelwerk jemals bewirken könnte. Die Beteiligten sehen sich damit einer zwar nicht rechtlich, aber umso mehr moralisch wirkenden Hemmschwelle gegenüber, gegen dieses gemein-

[27] Vgl. *Baus* in Baus/Kögel 2006, S. 9, 14; *Friedman* 1998, S. 32.

same Regelwerk zu verstoßen. Zudem wirkt allein der Umstand, dass ein solcher Kodex besteht, befriedend. Wie ausgeführt, liegt die Ursache von Konflikten in Familienunternehmen oftmals darin begründet, dass sich einzelne – insbesondere nichttätige – Familiengesellschafter nicht genügend berücksichtigt fühlen. Kann sich jedoch ausnahmslos jeder Familienangehöriger bei der Entstehung der Familienverfassung Gehör verschaffen und wegen des Konsensprinzips seine Interessen an prominenter Stelle berücksichtigt wissen, wird die Gefahr, dass sich einzelne Familienmitglieder übergangen fühlen, deutlich verringert. Der Nachteil einer Familienverfassung besteht allerdings darin, dass sie konsequenterweise bei jedem Eintritt eines neuen Familienmitglieds von null auf neu erarbeitet werden muss. Je nach Größe der Familie kann dieses ein ganz beträchtlichen Aufwand bedeuten. Auch mag sich das neu hinzugekommene Mitglied unkomfortabel fühlen, dass aufgrund seines Hinzutretens die Familiencharta erneut zu erarbeiten ist. Möchte man jedoch von der positiven Wirkung der Familienverfassung profitieren, so ist die Inkaufnahme dieser Nachteile ohne Alternative.

3.1.2 Familienrat

Einen weiteren Bestandteil der *Family Governance* für Unternehmerfamilien bildet die Einrichtung eines Familienrates.[28] Dieses Gremium gibt der Unternehmerfamilie Gelegenheit, ihre Interessen zu artikulieren und sich über eventuelle Gegensätze zu verständigen. Der Familienrat sollte mit Repräsentanten der Unternehmerfamilie – unabhängig von der Anteilseignerschaft und unter Einbeziehung Angeheirateter – besetzt sein. So kann es gelingen, die Interessen der Gesamtfamilie gegenüber den Familiengesellschaftern und damit gegenüber dem Unternehmen zu bündeln und zu vertreten. Dies erscheint nicht zuletzt deswegen sinnvoll, weil die Interessen der am Gesellschaftskapital beteiligten und die der nicht beteiligten Familienmitglieder in unterschiedliche Richtungen gehen können. Typischerweise hat die Gesamtfamilie ein besonders ausgeprägtes Interesse daran, das Unternehmen langfristig in Familienhand zu bewahren, und befürwortet zu diesem Zweck eine äußerst konservative Unternehmenspolitik. Kapitalbeteiligte Familienmitglieder hingegen könnten diesem

[28] Vgl. *Wiechers* 2006, S. 206.

langfristigen und nachhaltigkeitsorientierten Ziel unter Umständen eine geringere Priorität zuweisen, um beispielsweise riskanteren Geschäftsmodellen mit höherer Renditeerwartung oder gewagteren Übernahmen zur Beschleunigung des Unternehmenswachstums den Vorrang zu geben. Um vor diesem Hintergrund der Gesamtfamilie Gehör zu verschaffen, kann die Errichtung eines gemeinsamen Abstimmungs- und Beschlussgremiums äußerst sinnvoll sein. Zudem kann dem Familienrat auch eine beratende Funktion zugewiesen werden, indem in ihm die geschäfts- und lebenserfahrensten Familienmitglieder versammelt werden und der Unternehmensführung oder auch den aktuellen oder künftigen Anteilseignern als Ansprechpartner zur Verfügung zu stehen.

Ein solcher Familienrat sollte bewusst mit geringen Kompetenzen ausgestattet werden. Ihm sollte es obliegen, über die Einhaltung der Familienverfassung und der unternehmensbezogenen Wünsche der Gesellschafterfamilie zu wachen, ohne jedoch rechtlich wirksame Sanktionen aussprechen zu können. Obschon derartiges vereinbart werden könnte, würde dies dem Ziel, die Sphäre der Familienangehörigen untereinander von einer rechtlich relevanten Verfasstheit freizuhalten, zuwiderlaufen. Familienrat und Familienverfassung gewinnen ihre Wirkung gerade durch den fehlenden Erzwingungscharakter.

3.1.3 Familientag

Ein weiteres Mittel der *Family Governance* zur Sicherung der Basis für ein konfliktfreies Miteinander jedenfalls innerhalb der Familie ist die Einführung eines sog. Familientages.[29] Dabei handelt es sich um eine langfristig angelegte, sich regelmäßig wiederholende Veranstaltung, zu der ausnahmslos alle Mitglieder der Unternehmerfamilie eingeladen werden. Im Rahmen dieser Veranstaltung besteht zudem Gelegenheit für ein Zusammentreten des Familienrates. Die Hauptaufgabe des Familientages besteht jedoch darin, durch ein regelmäßiges Zusammentreffen der ganzen Familie unter Einschluss von Ehepartnern und Kindern das Zusammengehörigkeits-

[29] Vgl. *Kögel* in Baus/Kögel 2006, S. 27, 33; *Wimmer/Groth/Simon* 2004, S. 59 f.

gefühl innerhalb der Familie zu stärken und wechselseitig Vertrauen zu schaffen.[30] Gerade bei einer umfangreichen oder nach Stämmen strukturierten Eigentümerfamilie kann die Gefahr einer Entfremdung innerhalb der Unternehmerfamilie verringert werden, indem auch zwischen entfernten Verwandten und nicht in ständigem Kontakt stehenden Familienmitgliedern eine persönliche Basis geschaffen wird.

Darüber hinaus kann und sollte der Familientag auch dazu genutzt werden, Sachverhalte mit Unternehmensbezug zu erörtern. So ist es in zahlreichen Unternehmerfamilien üblich, dass die Geschäftsführung des Familienunternehmens im Rahmen des Familientages von der Lage des Unternehmens und der strategischen Ausrichtung berichtet. Umso wichtiger ist dies bei einer reinen Fremdgeschäftsführung. Dies stellt sicher, dass die *gesamte* Unternehmerfamilie die Möglichkeit hat, Informationen über die Geschäftslage zu erhalten, ohne hierfür selbst aktiv werden zu müssen, also auch ohne durch initiative Anfragen möglicherweise Misstrauen hervorzurufen. Die Sicherstellung eines ständigen Informationsflusses gerade nicht nur zu den Familiengesellschaftern, sondern auch zu der gesamten Unternehmerfamilie bietet den Vorteil, dass auch das engste private Umfeld der Anteilseigner über die Ausrichtung des Unternehmens im Bilde bleibt und damit Entscheidungen der Gesellschaft besser nachvollziehen kann. Die hier gewonnenen Hintergrundinformationen können dazu beitragen, Verständnis für Entscheidungen zu schaffen, die sich auf die Angehörigen der Unternehmerfamilie kurzfristig negativ auswirken, wie beispielsweise eine reduzierte Ausschüttungsquote. Würde eine solche Entscheidung getroffen werden, ohne dass die mittelbar Betroffenen über den Hintergrund informiert wären, könnte dies für Unverständnis sorgen.

Zudem gibt es Themen, die innerhalb der Unternehmerfamilie besprochen werden müssen, die aber weder im rein familiären Kreis noch in der Gesellschafter- oder Hauptversammlung richtig aufgehoben sind. So wäre die Debatte über die hauseigenen Erbregeln bei einer Familienfeier ebenso deplatziert wie die Diskussion über die Rahmenbedingungen für die Mitarbeit Familienangehöriger im Unternehmen bei der Gesellschafterversammlung. Solche Themen betreffen nicht nur die Gesellschafter,

[30] Vgl. *Baus* in Baus/Kögel 2006; S. 9, 14 f.

sondern die Gesamtfamilie, fallen aber gleichwohl aus dem privaten Bereich heraus. Für sie ist der Familientag das geeignete Forum.

In jedem Fall kann ein Familientag das Bewusstsein stärken, Angehöriger der das Unternehmen tragenden Familie zu sein, und damit dazu beitragen, mögliche, eventuell schon in früheren Generationen begründete Unstimmigkeiten oder Vorbehalte innerhalb der Familie abzubauen und einer innerfamiliären Entfremdung vorzubeugen. Gemeinschaftliche Identifikation mit dem Unternehmen und den anderen Familiengesellschaftern darf fraglos als grundlegendster Konfliktvermeidungsfaktor gelten.

3.1.4 Zusammenfassung

Die Einrichtung von Familienverfassung, Familienrat und Familientag als Mittel der *Family Governance* sind in Familienunternehmen sehr sinnvoll, können sie doch einen angemessenen Umgang in der Unternehmerfamilie sowie eine gemeinsame Haltung dem Unternehmen gegenüber sicherstellen und damit zur Konfliktvermeidung einen wichtigen Beitrag leisten.

3.2 Instrumentarien auf Unternehmensebene

Weiterhin kommen verschiedene Hebel in Betracht, die in dem Komplex Familienunternehmen - Unternehmerfamilie zunächst auf *Unternehmensebene* ansetzen. Zu nennen sind hier spezielle Regelungen im Gesellschaftsvertrag bzw. Satzung, die Installation eines mit einem ausgefeilten Zuständigkeitsinstrumentarium versehenen Beirats sowie die Implementierung von Methoden der alternativen Streitschlichtung.

3.2.1 Gesellschaftsvertrag und Satzung

Regeln sowohl zur – proaktiven – Vermeidung als auch zur – reaktiven – Lösung von Konflikten innerhalb des Gesellschafterkreises von Familienunternehmen sollten auf Unternehmensebene generell auf der am weitesten reichenden Ebene installiert werden, namentlich im Gesellschaftsvertrag bzw. in der Satzung. Dies ist in dreierlei Hinsicht sinnvoll: Zum einen besitzt jedes Familienunternehmen unabhängig von der Rechtsform – ausgenommen lediglich das einzelkaufmännische Unternehmen, bei dem Gesellschafterkonflikte allerdings strukturbedingt ausgeschlossen sind – zwingend ein solches Regelwerk, in dem die Einigung aller Gesellschafter auf die Grundlagen des gemeinsamen Tätigwerdens dargelegt sind. Damit ist kein separates Vertragswerk erforderlich. Zum anderen ist von Vorteil, dass die konfliktbezogenen Regelungen damit in *das* Grundsätzliche, die Basis des Zusammenwirkens der Gesellschafter konstituierende Regelwerk aufgenommen werden. Die Niederlegung an einer so prominenten Stelle kann damit die von den Gesellschaftern empfundene Bedeutung erhöhen: Subjektiv können derartige Bestimmungen damit einen höheren Status gewinnen als bei der Niederlegung in einem separaten Vertragswerk, obschon die objektive Wirkung bei beiden Regelungsstandorten identisch sein kann. Schließlich bietet sich der praktische Vorteil, dass die zur Konfliktvermeidung oder –lösung dienenden Klauseln aufgrund ihres hervorgehobenen Standortes von allen Familiengesellschaftern mit größerer Sicherheit zur Kenntnis genommen werden und ihnen nicht als bloße Formalie nachrangiger Aufmerksamkeit gewidmet wird. Auch für Familienmitglieder, die keine Anteile an dem Unternehmen besitzen, sich aber aufgrund der Familienangehörigkeit gleichwohl zu dem Unternehmen bekennen, erreichen im Herzstück der Gesellschaft niedergelegte Regelungen eine größere Bedeutung als in *side letters* niedergelegte Vereinbarungen.

Schon das bloße Bewusstsein des Vorhandenseins konfliktbezogener Vereinbarungen kann dazu führen, dass eine größere Sensibilität im Bezug auf aufkeimende Interessengegensätze zutage tritt. Dies kann sowohl die Fähigkeit, einen Konflikt frühzeitig als solchen zu erkennen, als auch die Bereitschaft fördern, sich aktiv mit der dem Konflikt zugrundeliegenden Situation auseinanderzusetzen anstatt sie zu verdrängen und damit dem Konfliktpotential freien Lauf zu gewähren.

3.2.2 Methoden alternativer Streitschlichtung

Auseinandersetzungen zwischen Gesellschaftern von Familienunternehmen können ohne weiteres in langwierige und kostenintensive Gerichtsverfahren münden. Zahlreiche Beispiele zeugen davon, dass an deren Ende nicht selten die Zerschlagung des Unternehmens, mitunter sogar dessen Insolvenz stand.[31] Die Gründe für einen solchen Verlauf liegen zwar keineswegs ausschließlich in der Konzeption ordentlicher Gerichtsverfahren. Jedoch ist nicht zu verhehlen, dass die Austragung eines Streits auf dieser Ebene nicht nur äußerst langwierig und kostenintensiv sein kann, sondern die nachträgliche Entscheidung über einen abgeschlossenen Sacherhalt den Gegenstand eines gerichtlichen Verfahrens bildet. Der Blick in die Zukunft besitzt in staatlichen Gerichtsverfahren nach wie vor nur eingeschränkten Wert: Das Gericht entscheidet ausschließlich über einen in der Vergangenheit liegenden Sachverhalt und ist dabei nicht gehalten, die künftige Zusammenarbeit zwischen den Beteiligten im Blick zu haben. Gerade in Familienunternehmen liegt es jedoch auf der Hand, dass die Beteiligten auch künftig noch in irgendeiner Art und Weise in Kontakt stehen werden. Erhalten die Beteiligten an einem Rechtsstreit nur eine Entscheidung über den vergangenen Sachverhalt und wird der eigentliche Konflikt damit nicht für die Zukunft beigelegt, sind künftige neue Streitigkeiten jedoch vorprogrammiert. Zugleich kann in einem Gerichtsverfahren nur über rechtliche Fragen entschieden und die eigentliche Ursache von Konflikten regelmäßig nicht behandelt werden. Diese eigentliche Ursache liegt jedoch vielfach in persönlichen Differenzen zwischen den Beteiligten, die durch gerichtliche Entscheidung nicht ausgeräumt oder begradigt werden können.

Auch besitzen staatliche Gerichtsverfahren regelmäßig den Nachteil, dass es wirtschaftlich nur um den in das Verfahren eingeführten Streitgegenstand geht. Dem Gericht wird mithin ein Kuchen einer bestimmten Größe zur Verteilung vorgelegt. Der Gewinn der einen Seite bedeutet dann notwendigerweise einen deckungsgleichen Nichtgewinn der anderen Seite, eine in der Spieltheorie als „Nullsummenspiel“ bezeichnete Konstellation.[32] Selbst wenn sich nahliegende Möglichkeiten aufdrängen,

---

[31] Vgl. *Wälzholz* in Sudhoff 2005-1, § 16 Rn. 5.
[32] Vgl. *Dendorfer* 2003, S. 135, 136.

diesen Kuchen zum Vorteil aller Beteiligten zu vergrößern, steht diese Möglichkeit außerhalb des Rahmens des gerichtlichen Entscheidungsspielraums.
Ein weiterer erschwerender Faktor ist, dass Verfahren vor ordentlichen Gerichten notwendigerweise öffentlich stattfinden. Damit dringen regelmäßig mehr Informationen über das Familienunternehmen an die Öffentlichkeit, als von den Akteuren gewünscht wird. Auch wird ein solches Verfahren zumindest auf lokaler Ebene von einiger Aufmerksamkeit begleitet werden, was sich nicht unbedingt vorteilhaft auf die Reputation des Unternehmens und das Ansehen seiner Eigentümer auswirken muss.[33]
Vor diesem Hintergrund besteht ein großes Bedürfnis für eine Umgehung dieser Nachteile.

3.2.2.1 Alternative Streitschlichtungsmethode: Schiedsverfahren

Die Anrufung eines Schiedsgerichts bietet eine Möglichkeit, einen Teil der geschilderten Nachteile ordentlicher Gerichtsverfahren zu vermeiden. Bei einem Schiedsverfahren handelt es sich um ein von den aktuellen oder potentiellen Gegnern – entweder für alle denkbaren künftigen oder für eine konkrete, manifeste Streitigkeit – gewähltes nichtstaatliches Verfahren zur Konfliktbeilegung, das sich insbesondere im unternehmerischen Bereich einer nicht unerheblichen Beliebtheit erfreut.[34]

Gegenüber streitigen Verfahren vor staatlichen Gerichten besitzt die Schiedsgerichtsbarkeit den großen Vorteil, dass die Streitentscheidung von den starren Verfahrensvorschriften der Zivilprozessordnung weitestgehend unabhängig ist und die Beteiligten den Verfahrensablauf im Konfliktfall oder bereits weit im Vorfeld selbständig festlegen können.[35] Damit können von den Beteiligten gewünschte Regelungen beispielsweise über folgende Punkte festgelegt werden:

- Auswahl der Schiedsrichter,
- Vermeidung überlanger Verfahrensdauer,

[33] Vgl. *Schiffer* 1999, § 7 Rn. 7.1.
[34] Vgl. *Schiffer* 1999, S. 39 ff.; *Wälzholz* in Sudhoff 2005-1, § 16 Rn. 4 ff.
[35] Vgl. *Hennerkes/Schiffer* 1992, S. 1439, 1440.

- Zahl der Instanzen,
- gemeinsame Akzeptanz einzelner Gutachter und
- Geheimhaltung der offengelegten Informationen.[36]

Alternativ kann auf vorgefertigte Regelwerke zurückgegriffen werden, beispielsweise die von der Deutschen Institution für Schiedsgerichtsbarkeit (DIS) verabschiedete Schiedsgerichtsordnung. Dieser Organisation oder vergleichbaren Institutionen kann auch die Durchführung des Schiedsverfahrens insgesamt übertragen werden.

Erforderlich ist jedoch, dass sich alle potentiellen oder aktuellen Konfliktparteien *freiwillig* der Schiedsgerichtsbarkeit unterwerfen. Natürlich kann niemand gezwungen werden, sich der Entscheidung eines nichtstaatlichen Entscheidungskörpers mit eigenständigen Verfahrensregeln zu unterwerfen. Damit muss jeder einzelne beteiligte Gesellschafter dieser Vorgehensweise zustimmen.
Durch den weiten Gestaltungspielraum lässt sich die Verfahrensdauer bis zu einer endgültigen Entscheidung beispielsweise durch Festlegung nur einer Instanz beträchtlich verkürzen. Infolgedessen besteht auch erhebliches Potential zur Einsparung von Kosten. Auch können die Beteiligten über die Besetzung des Schiedsgerichts selbst entscheiden und damit sicherstellen, dass nicht nur rechts-, sondern auch branchenkundige Experten über den Streitgegenstand entscheiden. Denkbar wäre sogar, den Beirat zum Schiedsgericht zu bestimmen. Hiervon ist jedoch abzuraten, da auch ein objektiv unzweifelhaft neutraler Beirat in den Augen der bei seiner Entscheidung unterliegenden Partei an Neutralität einbüßt.
Im Normalfall verläuft die Bestimmung der Mitglieder eines Schiedsgerichts dergestalt, dass jede der beiden Konfliktparteien berechtigt ist, einen Schiedsrichter frei zu wählen. Diese beiden „benannten“ Schiedsrichter einigen sich anschließend auf eine dritte Person als Vorsitzenden des Schiedsgerichts. Hieran wird deutlich, dass nicht das gesamte Schiedsgericht absolut unabhängig erscheinen muss.
Der größte Vorteil der Schiedsgerichtsbarkeit ist die festlegbare Vertraulichkeit.[37] Nicht nur finden die mündlichen Verhandlungen unter Ausschluss der Öffentlichkeit statt, weitergehend kann sogar das *Bestehen* einer Auseinandersetzung *als solches*

[36] Vgl. *Lörcher* 1998, S. 245; *Ruter* in Ruter/Thümmel 2009, Rn. 91.
[37] Vgl. *Hennerkes/Schiffer* 1999, S. 1439.

geheim gehalten werden.[38] Hiermit kann das Risiko, dass im Zuge der Auseinandersetzung Unternehmensinterna oder gar Geschäftsgeheimnisse an die Öffentlichkeit dringen, beträchtlich verringert werden. Auch kann umgangen werden, dass das Ansehen des Unternehmens und der Unternehmerfamilie durch das Bekanntwerden der Auseinandersetzung Schaden nimmt.

Dem stehen jedoch einige Nachteile gegenüber. Wie bei Verfahren vor staatlichen Gerichten beschränkt sich die Tätigkeit des Schiedsgerichts im wesentlichen auf die Erfassung des den Streit nach juristischen Kategorien umgrenzenden Sachverhalts. Die eigentliche Konfliktursache bleibt dabei oftmals völlig außer Acht. Sobald der Kern der Auseinandersetzung nach juristischen Maßstäben ohne Bedeutung ist, wird er nicht zum Gegenstand des Verfahrens, weswegen die gerade in Familienunternehmen meist tieferliegenden Konfliktursachen oft nicht beigelegt werden können. Diesen Nachteil der staatlichen Gerichtsbarkeit teilt ein Schiedsverfahren, weswegen es keine Garantie für eine abschließende Bereinigung der Auseinandersetzungen bietet. Darüber hinaus ist der Ausgang eines Schiedsverfahrens für die Beteiligten schwerer zu kalkulieren als der Ausgang eines Gerichtsverfahrens, da eine personelle und institutionelle Einheitlichkeit gerade nicht entsteht: Eine verlässliche „ständige Rechtsprechung“ kann sich aufgrund der freien Wahl der Besetzung kaum herausbilden.

Insgesamt ist somit festzuhalten, dass die Anrufung eines Schiedsgerichts gegenüber dem Gang vor ein staatliches Gericht insbesondere für die Akteure in Familienunternehmen gewisse Vorteile bieten kann, es jedoch nicht alle Nachteile eines formalisierten Gerichtsverfahrens überwindet.

3.2.2.2 Alternative Streitschlichtungsmethode: Mediation

Eine weitere Methode zur außergerichtlichen Streitbeilegung ist die Mediation, eine von einem außenstehenden Dritten geleitete strukturierte Verhandlung zwischen den

[38] Vgl. *Goette* 2000, S. 937, 938.

Konfliktparteien mit dem Ziel einer Schlichtung.[39] Der grundlegende Unterschied zu Vergleichsverhandlungen vor einem staatlichen Gericht oder einem Schiedsgericht besteht darin, dass die Parteien von dem Mediator als neutralem Dritten zu einer von ihnen selbst erarbeiteten gütlichen Einigung angeregt werden sollen, ohne dass dem Mediator beim Scheitern der Verhandlungen eine wie auch immer geartete Entscheidungskompetenz zukäme.[40] Die Rolle des Mediators beschränkt sich vollständig darauf, die Verhandlungen zwischen den Beteiligten zu leiten und dabei die eigentlichen Interessen der Kontrahenten – und nicht nur die von ihnen eingenommenen Standpunkte und geäußerten Forderungen – zu berücksichtigen und damit die eigentliche Motivation für die Auseinandersetzung zu ermitteln. Auf dieser Grundlage kann der Mediator schließlich gemeinsam mit den Parteien verschiedene Einigungsmodelle entwerfen und diese im Erfolgsfall in eine rechtsverbindliche Form gießen. Wird bei der Mediation keine Einigung erzielt, steht den Parteien nach wie vor der Weg zu den ordentlichen Gerichten oder ggf. zu einem Schiedsgericht offen.[41]
Ein Mediationsverfahren erfordert seitens der Beteiligten ein hohes Maß an Bereitschaft, nicht nur an einer starren Position, die meist nur eine – mitunter beliebige – Verkörperung der eigentlichen Zielsetzung ist, festzuhalten, sondern stattdessen ihre wahren Beweggründe und Wünsche preiszugeben.

Einer Mediation liegt eine Verhandlungsmethode zugrunde, die sich am besten anhand der Entstehungsgeschichte des Friedensvertrages zwischen Israel und Ägypten 1979 – auf Grundlage des Camp-David-Abkommens von 1978 – illustrieren lässt: Israel weigerte sich nach dem Jom-Kippur-Krieg von 1973, die dabei von ihm besetzte, zu Ägypten gehörende Sinai-Halbinsel zu räumen, während Ägypten auf einer Rückgabe bestand. Diese *Positionen* standen sich unvereinbar gegenüber. Bei der Erkundung der dahinter stehenden *Interessen* stellte sich heraus, dass Ägypten den Sinai aus historischen Gründen in seinem Hoheitsgebiet halten wollte, während es Israel nur darauf ankam, den Beschluss des eigenen Territoriums vom Sinai aus zu unterbinden. Die bis heute überdauernde Lösung bestand in der Rückgabe des Ge-

[39] Vgl. *Dendorfer* 2003, S. 135,136 f.; *Risse* 2001, S. 16.
[40] Vgl. *Breidenbach* 1995, S. 4.
[41] Vgl. *Risse* 1999, S. 205.

biets an Ägypten unter gleichzeitiger Einrichtung einer entmilitarisierten, von multinationalen Truppen kontrollierten Zone.

Hieran lassen sich die folgenden Leitgedanken erkennen:

- Trennung der Beziehungs- von der Sachebene,
- Abwendung vom Denken in *Positionen*, Hinwendung zum Verhandeln anhand der hinter den Positionen stehenden wahren *Interessen* der Parteien,
- kreative Suche nach mehreren neuen, am besten gemeinsamen Lösungen (sog. Optionen),
- Auflösung fortbestehender Interessengegensätze anhand objektiver Kriterien,
- Überprüfung der besten Alternative („best alternative to negotiated agreement") durch jede Partei vor der Einigung.[42]

Besonders die Erforschung der hinter den eigenommenen Standpunkten verborgenen eigentlichen Interessen der Konfliktparteien stellt einen wesentlichen und zumindest in der Theorie äußerst wirkungsvollen Unterschied zu den herkömmlichen Methoden der Konfliktlösung dar. Durch diese Vergrößerung des zu verteilenden Kuchens entstehen oft völlig neue Einigungsmöglichkeiten mit erheblichem Befriedungspotential.

Wie bei Schiedsverfahren bestehen auch für Mediationsverfahren keine vorgegebenen Richtlinien. Die Parteien müssen deswegen auch hier vorab einige Punkte klären, die für das Verfahren wesentlich sind. Unerlässlich ist hierbei eine Vereinbarung über die Geheimhaltung der im Zuge des Mediationsverfahrens offenbarten Tatsachen. Dies dient nicht nur dem Schutz von Unternehmensinterna. Da der wesentliche Faktor der Mediation darin besteht, dass alle Beteiligten ihre wahren Interessen preisgeben und ihre Position offen überprüfen, besteht das Risiko, dass die andere Konfliktpartei die hierbei erlangten Informationen in einem späteren Gerichtsverfahren oder Schiedsverfahren gegen die offenbarende Partei verwenden könnte. Wenn aber jeder Beteiligte befürchten muss, dass die von ihm preisgegebenen Informatio-

[42] Vgl. *Dendorfer* 2003, S. 135, 136; *Leiss* 2005, S. 233, 234.

nen später gegen ihn verwendet werden, wäre jede Mediation von vornerein zum Scheitern verurteilt. Daher ist eine unbedingte Aufnahme eines solchen „Informationsverwertungsverbots“ unverzichtbar. Als – zulässige – Beweismittelvereinbarung ist eine solche Absprache grundsätzlich gerichtsfest.[43] Auch der Mediator ist in ein solches Vertraulichkeitsgebot einzubeziehen, da er sonst als Zeuge in ein späteres Gerichtsverfahren verwickelt und dort zur Aussage verpflichtet werden könnte. Eine Ausnahme von diesem Grundsatz gilt, wenn der Mediator einer zur Verschwiegenheit verpflichteten Berufsgruppe angehört, wie dies bei Rechtsanwälten der Fall ist.

Auch Kosten und Verfahrensdauer können bei der Mediation vorteilhaft sein. Indem die aufwendige Erstellung vorbereitender Schriftsätze entfällt, lassen sich bei den Parteivertretern Zeit und damit Honorare sparen. Streng genommen ist eine Mediation auch ohne Rechtsanwälte denkbar. Scheitert diese jedoch und schließt sich ein Gerichtsverfahren an, sollte schon in diesem ersten Stadium ein Anwalt beteiligt gewesen sein.

Der größte Vorteil der Mediation besteht in der eingangs geschilderten Zukunftsgewandtheit: Es geht in diesem Verfahren nicht um die formale Abarbeitung und Bewertung eines in der Vergangenheit liegenden Sachverhalts, sondern um die Erforschung der wahren Interessen der Beteiligten mit dem Ziel, eine für beide Seiten tragfähige und zukunftsgewandte Lösung zu finden. Diese Zielrichtung ist für Familienunternehmen äußerst passgenau, da die Beteiligten hier gezwungen sind, künftig weiterhin miteinander zu existieren.

Einer der der größten Nachteile der Mediation besteht in dem Risiko, dass offen gelegte Informationen in einem möglichen Folgeverfahren trotz bindender Vereinbarungen auf irgendeine Art und Weise gegen den Offenbarenden verwendet werden. Hierzu mag beitragen, dass der Ursprung der betreffenden Information schwer beweisbar sein kann.

Darüber hinaus ist festzustellen, dass die Mediation gerade wegen ihrer „weichen“ Konzeption ohne jeden äußeren Einigungsdruck vielfach nicht ernsthaft in Betracht

[43] Vgl. *Wälzholz* in Sudhoff 2005-1, § 16 Rn. 18.

gezogen wird. Dies beruht sicherlich zu einem guten Teil darauf, dass in einem Mediationsverfahren nicht nur harte Fakten, sondern gerade auch die Befindlichkeiten der Beteiligten erörtert werden. Offenbarungen dieser Art gelten jedoch in weiten Teilen des Wirtschaftslebens zumindest als untunlich, eher wohl als grob protokollwidrig.
Die unabdingbare absolute Neutralität des Mediators kann zudem dann Schwierigkeiten auslösen, wenn zwischen den Parteien ein erhebliches Machtungleichgewicht besteht. Dem Mediator ist es verwehrt, in solchen Fällen ausgleichend einzuwirken.[44] Materielle Gerechtigkeit kann die Mediation dann unter Umständen nur eingeschränkt schaffen. Ersichtlich ist zudem, dass eine Mediation keine Erfolgsgarantie besitzt. Erzielen die Beteiligten keine Einigung, muss der Konflikt wie gewohnt durch Entscheidung eines Dritten – eines Schiedsrichters oder Richters – entschieden werden, womit durch das vorhergehende Mediationsverfahren ergebnislos Zeit und Kosten aufgewandt wurden.

Festzuhalten bleibt nach alldem, dass die Mediation als Mittel zur Konfliktlösung in Familienunternehmen unbedingt in Betracht gezogen werden sollte. Da staatliche oder nicht staatliche Gerichtsverfahren oft nur an den Symptomen herumkurieren können und ihnen die Behandlung der eigentlichen Ursache nicht freisteht, kann die Mediation durch Ausfüllen dieser Lücke gute Erfolge erzielen. Für das Familienunternehmen ist es von größtem Vorteil, wenn sich die in einer Auseinandersetzung befangenen Familiengesellschafter allein durch die Einleitung dieses Verfahrens aufeinander zubewegen, anstelle ihre Auseinandersetzung konfrontativ vor Gerichten oder Schiedsgerichten auszutragen. Auch dem Frieden innerhalb der Familie ist die Konfliktthematisierung durch ein Mediationsverfahren regelmäßig deutlich weniger abträglich als ein gerichtliches Verfahren. Familienunternehmen steht damit eine Art der außergerichtlichen Streitbeilegung offen, die den Besonderheiten ihres Unternehmenstypus in beachtlichen Maße Rechnung tragen kann. In wieweit eine Mediation den konkreten Konflikt tatsächlich auflösen kann, ist jedoch eine Frage des Einzelfalls. Durch die Möglichkeit, eine Mediation durch Vereinbarung einem staatlichen oder nichtstaatlichen Gerichtsverfahren zwingend vorzulagern, entsteht den Konflikt-

[44] Vgl. *Dendorfer* 2003, S. 135, 138; *von Hoyningen-Huene* 1997, S. 352 f.

parteien jedoch nur ein geringer zeitlicher und finanzieller – und abgesehen von der Tatsachenverwertungsfrage kein weiterer – Nachteil.

3.2.3 Beirat

3.2.3.1 Begriff

Bei einem Beirat handelt es sich um ein nicht verpflichtend zu schaffendes Gremium, dessen Besetzung aus Gesellschaftern, gesellschaftsfremden Dritten oder aus beiden Gruppen bestehen kann.[45] Auch die Begriffe *Verwaltungsrat*, *Firmenbeirat* oder *Arbeitsausschuss* bedeuten zumeist nichts anderes; auch so kann ein Beirat bezeichnet werden. Vorsicht ist dagegen geboten bei dem Begriff *Aufsichtsrat*: Da diese Bezeichnung aus dem Aktienrecht stammt und dort – wie auch in mitbestimmten Unternehmen generell – ein strikt institutionalisiertes Gremium mit klar definierter, nicht abänderbarer Aufgabenzuweisung bezeichnet, sollte dieser Begriff zur Vermeidung von Irritationen nicht für das hier in Rede stehende Gremium verwendet werden.[46]

3.2.3.2 Errichtung

Ein Beirat kann entweder durch Verankerung im Gesellschaftsvertrag – dann *organschaftlicher* bzw. *statutarischer* Beirat – oder durch schlichte vertragliche Regelung zwischen Gesellschaft und Beiratsmitgliedern – dann *schuldrechtlicher* bzw. *obligatorischer* Beirat – errichtet werden.[47]

Zulässig ist die Errichtung eines solchen Gremiums generell bei Unternehmen jeder Gesellschaftsform. Dies folgt aus dem sehr grundsätzlich geltenden Prinzip der gesellschaftsrechtlichen Gestaltungsfreiheit, das es ermöglicht, zusätzliche Organe und Gremien zu errichten.[48] In jedem Fall verbleibt den Gesellschaftern die Möglichkeit,

---

[45] Vgl. *Lange* 2006, S. 897; *Thümmel* 1995, S. 2461.

[46] So auch *Lange* 2006, S. 897, 898; *Vogler* 1990, S. 119.

[47] Vgl. *Kormann* 2008, S. 36.

[48] Vgl. *Langenfeld* in Langenfeld/Gail 2007, Teil 1 Rn. 46; *Peltzer* in Hommelhoff 2000, S. 93, 98; *Thümmel* in Ruter/Thümmel 2009, Rn.143, 144.

den Beirat durch Beschluss wieder aufzulösen, so dass eine unwiderrufliche Strukturänderung nicht eintreten kann.
Eine Einschränkung gilt jedoch für Aktiengesellschaften und für mitbestimmte Gesellschaften mbH. Da bei Gesellschaften dieser Rechtsformen zwingend ein Aufsichtsrat zu bilden ist und die diesem zwingend zugewiesenen Kompetenzen nicht verletzt werden dürfen,[49] muss sichergestellt sein, dass weder durch die Errichtung des Beirats noch durch die Festlegung der von ihm wahrzunehmenden Aufgaben auch nur minimale Kollisionen mit den Kompetenzen des (Pflicht-) Aufsichtsrates entstehen.[50] Die vereinzelt vorgebrachte Auffassung, bei Bestehen eines (Pflicht-) Aufsichtsrates sei die Errichtung eines Beirats generell unzulässig,[51] ist allerdings zurückzuweisen. Solange die Kompetenzen des Aufsichtsrates nicht berührt werden, geht es den Rechtsverkehr schlichtweg nichts an, ob eine Gesellschaft daneben weitere Gremien besitzt.

3.2.3.3 Funktion und Zweck

Da Beiräte weder im Positiven noch im Negativen gesetzlich geregelt sind, ist der Aufgabenkreis recht frei gestaltbar. Einzig solche Zuständigkeiten, die zwingend einem anderen Organ zugewiesen sind, dürfen dem Beirat nicht übertragen werden. Dieser weite Gestaltungsspielraum stellt den größten Vorteil dieses Gremiums dar: Ein Beirat kann sehr genau auf die Bedürfnisse des jeweiligen Unternehmens abgestimmt, der Aufgabenbereich immer wieder den aktuellen Erfordernissen angepasst werden.[52] So kann in einem Beirat externes Fachwissen versammelt werden, um eine fundierte Beratung des Familienunternehmens durch an das Unternehmen gebundene Experten sicherzustellen.[53] Dieser Beirat kann zwar externe Berater sicher nicht völlig ersetzen, dafür aber mit fachkundigem Blick die Geschäftsentwicklung dauerhaft begleiten. Dabei kann ihm insbesondere die in Familienunternehmen meist gewünschte Sicherung einer nachhaltigen Unternehmenspolitik zugewiesen werden.

[49] Dies ist z.B. bei mehr als 500 Arbeitnehmern der Fall.
[50] Vgl. *Fabis* 2007, S. 90 f.; *Thümmel* in Ruter/Thümmel 2009, Rn. 139; jeweils mit weiteren Nachweisen zur Differenzierung zwischen organschaftlichem und schuldrechtlichem Beirat.
[51] Nachweis bei *Fabis* 2007, S. 90.
[52] Vgl. *Lange* 2006, S. 897, 898.
[53] Vgl. *Wälzholz* in Sudhoff 2005-1, § 15 Rn. 3.

Adressaten der Beratung können dabei sowohl die Geschäftsführung als auch die Gesellschafter – oder beide Gruppen – sein. Gerade in Familienunternehmen ist die Beratung nicht nur der Mitglieder der Geschäftsführung, sondern auch und gerade der nicht in dem Unternehmen tätigen Gesellschafter sinnvoll: Je besser Gesellschafter informiert sind, desto sachgerechter können sie ihre Entscheidungen treffen und zum Wohle des Unternehmens agieren. Darüber hinaus kann damit der Gefahr begegnet werden, dass die Gesellschafter von der Geschäftsführung einseitig informiert werden. Damit kann der Beirat dazu beitragen, dass die Eigentümer eine objektive Sicht auf die Lage des Unternehmens gewinnen. Auch kann ein solcher Beirat die wichtige Funktion wahrnehmen, Informationsungleichgewichte zwischen aktiven, also in dem Familienunternehmen tätigen, und passiven, i.e. nichttätigen, Gesellschaftern auszugleichen.

Darüber hinaus kann ein Beirat zur Überwachung und Kontrolle der Geschäftsführung dienen.[54] So kann z. B. vorgesehen werden, dass der Beirat vor wesentlichen Entscheidungen der Geschäftsführung angehört oder sogar dessen Zustimmung eingeholt werden muss. Damit kann einem Gremium, das so besetzt werden kann, dass es gegenüber der Geschäftsführung sehr weitgehende Neutralität besitzt, die Möglichkeit gegeben werden, auf unternehmenslenkende Entscheidungen unmittelbaren Einfluss zu nehmen. Dazu sorgt eine solche Verpflichtung bereits im Vorfeld dazu, dass die Unternehmensleitung angehalten wird, die beabsichtigten Maßnahmen umfangreich vorzubereiten und zu überdenken. Dies dürfe dem von der Unternehmensführung angelegten Sorgfaltsmaßstab nicht abträglich sein.

Von besonderer Bedeutung wird eine solche Beiratsfunktion, wenn der Gesellschafterkreis Kontrollaufgaben selbst nicht in der gebotenen Art und dem erforderlichen Umfang wahrnehmen kann, etwa weil viele der Gesellschafter nicht über die nötigen Fachkenntnisse verfügen, die Zahl der Anteilseigener zu groß geworden ist oder zwischen den Eignern unterschiedliche Auffassungen über die Unternehmenspolitik bestehen. Hier kann die Überwachung der Geschäftsführung fachlich kompetent und unbeeinflusst von Eigeninteressen ausgeübt werden.

[54] Vgl. *Huber* 2004, Rn. 23.

Darüber hinaus gewinnt ein kontrollierender Beirat dann eine besondere Bedeutung, wenn die Geschäftsführung des Familienunternehmens einem mehrheitlich beteiligten Gesellschafter obliegt und die übrigen Familiengesellschafter keine aktive Rolle in dem Unternehmen einnehmen.[55] In diesem Fall besteht die Gefahr, dass die minderheitsbeteiligten, relativ unternehmensfernen Gesellschafter der Geschäftsführung mit Misstrauen begegnen und infolgedessen sachlich nicht begründete Informationswünsche äußern. Vor einem solchen Hintergrund ist die Hinzuziehung einer mit neutralen Fachleuten besetzten Instanz für beide Seiten von Vorteil: Für die Minderheitsgesellschafter wirkt der kontrollierende Beirat vertrauensbildend, da sie die qua Mehrheitsbeteiligung und Geschäftsführertätigkeit vermeintlich übermächtige und vielleicht mitunter als eigenmächtig empfundene Geschäftsführung unter unabhängiger und fachlich kompetenter Aufsicht weiß. Der geschäftsführende Mehrheitsgesellschafter hingegen berichtet an ein aus fachlich versierten Mitgliedern zusammengesetztes unvoreingenommenes Gremium, das sich strikt am Unternehmensinteresse orientiert.

Eine wirkungsvolle Kontrolle der Geschäftsführung besitzt für Familienunternehmen vielfältige Vorteile: Nicht nur wird das typische gemeinsame Interesse an dem dauerhaften Erhalt des Unternehmens in Familienhand verfolgt, indem die Entscheidungen der Geschäftsführung hinterfragt werden und die Unternehmensführung damit zugleich zur dauernder Selbstkontrolle angehalten wird. Auch steigert eine solche externe Überwachung das Vertrauen der Familiengesellschafter in die Unternehmensleitung, zumal das Risiko leichtfertiger Fehlentscheidungen verringert wird. Weiter wirkt das Bestehen einer wirkungsvollen Kontrollinstanz auch auf Externe vertrauensbildend, so dass Lieferanten beispielsweise größeres Entgegenkommen bei der Einräumung von Zahlungszielen zeigen und Fremdkapitalgeber bessere Zinskonditionen offerieren können. Insbesondere vor dem Hintergrund der sich in jüngerer Vergangenheit ständig verschärfenden Rating-Maßstäben dürfte diesem Aspekt eine spürbare Bedeutung zukommen.

Sofern nicht durch zwingende anderweitige Kompetenzzuweisungen ausgeschlossen, können dem Gremium darüber hinaus weitergehende Befugnisse übertragen

[55] Vgl. *Lange* 2006, S. 897, 900.

werden wie beispielsweise die Wahrnehmung von Aufgaben der Geschäftsführung oder ein Letztentscheidungsrecht bei Uneinigkeit unter den Anteilseignern. Eine besondere Bedeutung kann Beiräten von Familienunternehmen zudem bei Personalentscheidungen zukommen, wenn und soweit Angehörige der Gesellschafterfamilie hiervon betroffen sind. Eine maßgebliche Beteiligung eines ausschließlich mit neutralen Dritten besetzten Beirats kann es ermöglichen, zu einer ausschließlich auf sachliche Kriterien gestützten Entscheidung zu gelangen, ohne dass der Verdacht einer Begünstigung oder Benachteiligung von Familienangehörigen aufkommen kann. Hieraus potentiell drohende Spannungen innerhalb des Gesellschafterkreises können damit von vornherein vermieden werden.

Weiterhin ist es möglich, einen Beirat für besondere Notsituationen vorzuhalten, beispielsweise für den Fall des Ablebens der herausgehobenen Figuren an der Unternehmensspitze. In diesem Fall kann ein entsprechend besetzter Beirat die Notgeschäftsführung wahrnehmen, bis die Unternehmensleitung in neue Hände gelegt wird. Auch kann ein solches Gremium bei der Einarbeitung eines unvorbereitet an die Unternehmensspitze gerückten Nachfolgers wichtige Aufgaben übernehmen, wenn der Beirat das Unternehmen mitsamt seiner Abläufe sowie das geschäftliche Umfeld lange und gut genug kennt. Auch in sonstigen Krisensituationen kann ein Beirat Stabilität und Orientierung nach innen und außen bieten. Damit kann das Risiko von Konflikten innerhalb des Kreises der Gesellschafter verringert werden.

Neben diesen formellen Aufgaben können einen Beirat auch weitere, nicht fachbezogene Funktionen unterschiedlichster Art zukommen. So kann die Besetzung des Gremiums mit anerkannten Spezialisten, prominenten Persönlichkeiten und/oder Vertretern wichtiger Geschäftspartner eine Erhöhung des Ansehens des Unternehmens sowie eine Steigerung des Vertrauens des geschäftlichen Umfeldes in die Kompetenz der Unternehmensführung bewirken und bestehende Geschäftskontakte festigen.

Unternehmensintern hingegen können dem Beirat Ausgleichs- und Vermittlungsfunktionen zukommen, indem etwa eine Vermittlung zwischen unterschiedliche Interessen verfolgenden Gesellschaftergruppen oder auch zwischen den Generationen innerhalb des Gesellschafterkreises übernommen wird. Ein Beirat eignet sich sehr dafür, nicht nur das Handeln der Beteiligten auf die Vereinbarkeit der objektiven Interessen aller Gesellschafter zu überprüfen, sondern im Fall von Differenzen als neutraler Vermittler aufzutreten. Gerade die zwischen Gesellschaftern häufig auftretenden Interessendifferenzen beispielsweise im Bezug auf die Ausschüttungspolitik oder die Bereitschaft zur Aufnahme von Fremdkapital können auf diesem Wege angegangen werden.

Nicht völlig außer Acht zu lassen ist auch die Möglichkeit, ein fakultatives Gremium als Betätigungsfeld für aus der Geschäftsführung ausgeschiedene Familiengesellschafter einzusetzen. Durch die Übertragung eines Sitzes in einem solchen Gremium lässt sich der Schritt des Ausscheidens aus der Geschäftsführung aus Alters- oder anderen Gründen gestalten, ohne dass für den Betroffenen damit der schwere Schritt der endgültigen Trennung von dem Unternehmen verbunden wäre. Sind die Beiratskompetenzen entsprechend gestaltet, ist die generell bestehende Gefahr des „Hineinregierens" des Altgeschäftsführers reduzierbar. Dabei sollte jedoch das Postulat einer nicht nur hochqualifizierten, sondern auch möglichst neutralen Besetzung dieses Gremiums nicht aus den Augen verloren und Vorteile wie Nachteile aller Aspekte gegeneinander abgewägt werden. Vermeiden ließe sich eine Entscheidung zwischen beiden Polen, indem von vornherein gleich *zwei* zusätzliche Gremien geschaffen werden, namentlich zum einen ein unabhängiger, neutraler und fachlich versierter Beirat für die Wahrnehmung von Kontroll- und Ausgleichsaufgaben sowie zusätzlich ein weiteres Gremium, das mit aus der Unternehmerleitung ausgeschiedenen Geschäftsführern besetzt werden kann und dem bestimmte Repräsentations- und Beratungsaufgaben zugewiesen werden können. Erfolgt hier eine klare und abgestufte Kompetenzzuweisung, so dürfte dies nicht unbedingt die Gefahr einer überladenen Unternehmensstruktur mit schwerfälligen Entscheidungsabläufen begründen.

Die Funktion eines Beirats hängt zudem davon ab, in wessen Interesse seine Errichtung und sein Tätigwerden erfolgt. So kann ein Beirat als gemeinsames Organ der Gesellschaftergesamtheit (sog. *Gesamtorgan*) zu Zwecken der Vertretung der Eigentümerinteressen gegenüber der Geschäftsführung sowie gegenüber außenstehenden Dritten dienen. In Familienunternehmen kann insbesondere bei Bestehen eines umfangreichen, nicht weiter strukturierten Gesellschafterkreises ein besonders starkes Bedürfnis nach einer solchen Interessenvertretung bestehen.

Auch kann ein Beirat im Interesse der gesamten Unternehmerfamilie einschließlich nicht am Kapital beteiligter Familienmitglieder tätig werden. Gerade wenn sich die Anteile bei wenigen Familienmitgliedern versammeln, wird das Unternehmen gleichwohl als in den Händen der gesamten Familie stehend betrachtet und genießt entsprechend die Aufmerksamkeit der gesamten Unternehmerfamilie. Besondere Bedeutung kann ein solcher Beirat erlangen, wenn der Gesellschaftsvertrag vorsieht, die Anteile bei Erreichen eines bestimmten Lebensalters auf die Folgegeneration zu übertragen und/oder dieser Generation bei Erreichen eines festgelegten Alters Kapitalanteile einzuräumen. In diesem Fall existieren in der Unternehmerfamilie sog. „Spe-Gesellschafter", die aus nachvollziehbaren Gründen an einer Sicherung des Unternehmens und damit ihrer künftigen Vermögensposition interessiert sind. Auch Familienmitglieder, die nicht mit Beteiligungen in Berührung kommen, werden regelmäßig den Wunsch haben, dass die Unternehmensführung weiterhin von der Familie kontrolliert wird. Wie hilfreich ein Beirat in dieser Situation tatsächlich sein kann, ist selbstverständlich auch hier eine Frage des Einzelfalls. In jedem Fall kann das Hinzutreten eines Beirats dazu beitragen, nicht beteiligte Familienmitglieder über das Unternehmen auf dem Laufenden zu halten und ein gutes Verhältnis zwischen kapitalbeteiligten und nicht beteiligten Familiengesellschaftern sichern.

Ein Beirat soll auch im Interesse einzelner Gesellschafter oder einzelner Gruppen von Gesellschaftern (dann als sog. *Gruppenorgan*) oder als Organ des Gesamtunternehmens gebildet werden können.[56] In diesem zuletzt genannten Fall soll der Beirat insbesondere die Interessen des Unternehmens gegen mögliche unsachgemäße Entscheidungen der Gesellschafter, beispielsweise im Hinblick auf die Ausschüttungspolitik, vertreten.

Beide Gestaltungen sind nicht unproblematisch. Bei einem Beratungs- und Kontrollorgan einzelner Gesellschafter wird die Gefahr eines deutlichen Kräfteungleichge-

[56] Vgl. *Thümmel* in Ruter/Thümmel 2009, Rn. 156.

wichts innerhalb des Gesellschafterkreises begründet. Im Hinblick auf den gesellschaftsrechtlichen Gleichbehandlungsgrundsatz und den Minderheitenschutz ist dies nicht unkritisch zu sehen. Zwar sind Konstellationen denkbar, in denen beispielsweise ein Mehrheitsgesellschafter seine Beteiligung durch ein Kontrollorgan gesichert sehen will. Jedoch erscheint es vor dem genannten Hintergrund sehr problematisch, mit einem Beirat ein Organ der Gesellschaft zur Sicherung einzelner Gesellschafterinteressen zu konstituieren. Etwas anderes kann nur gelten, wenn innerhalb des Gesellschafterkreises ein bereits strukturelles, sich aus der Natur der Beteiligungsform ergebenes Ungleichgewicht besteht. So liegen in der Kommanditgesellschaft regelmäßig unterschiedliche Interessen zwischen Komplementären und Kommanditisten vor, vielfach aufgrund der unterschiedlichen Haftungsdimension und der sich unterscheidenden Einflussnahmemöglichkeiten. In solchen Konstellationen kann berechtigter Bedarf für eine auf organschaftlicher Basis errichtete gemeinsame Interessenvertretung der Kommanditisten gegenüber den Vollhaftern bestehen.[57] Die zweitgenannte Variante, in der ein Beirat das Unternehmen faktisch vor seinen eigenen Gesellschaftern schützen soll, klingt zunächst paradox. Hier soll ein Gremium das Vermögen der Gesellschafter vor deren eigenen Zugriff schützen – auf den ersten Blick eine bizarre Zielsetzung. Den Gesellschaftern muss es im rechtlich zulässigen Rahmen schon aus Gründen des Eigentumsschutzes unbenommen bleiben, mit ihrem Unternehmen nach Belieben zu verfahren. Doch kann es gute Gründe für Einschränkungen geben, etwa wenn Gesellschafter ihre Anteile auf ihre Nachkommen oder Dritte übertragen wollen, ohne ihnen sofort freie Hand zu lassen, oder wenn unternehmensgefährdende Verhaltensweisen, beispielsweise überzogene Ausschüttungswünsche, im Interesse des Unternehmens unterbunden werden sollen. Dies lässt sich aber nur erreichen, wenn dem Beirat diese Aufgabe nur mit einer solchen Mehrheit wieder entzogen werden kann, die von den betreffenden Gesellschaftern allein nicht erreicht werden kann. In diesem Interesse und mit dieser Zielrichtung kann ein Beirat zur Bestandssicherung des Unternehmens dienen.

[57] Vgl. *Langenfeld* in Langenfeld/Gail 2007, Teil I Rn. 46.

3.2.3.4 Kompetenzhierarchie

Der beste Beirat ist nur so gut, so klar seine Kompetenzen im Verhältnis zu anderen Organen definiert sind. Bei der Festlegung der Beiratskompetenzen müssen sich die Handelnden elementar verdeutlichen, dass der Beirat immer das Ziel der Übertragung anderweitig bestehender Kompetenzen ist, er also zwangsläufig keine ureigensten Kompetenzen hat, sondern ihm Kompetenzen von anderen Organen zugewiesen werden. Die elementare Frage ist damit, ob die Beiratskompetenzen *neben* oder *an Stelle* des ursprünglichen Kompetenzträgers bestehen sollen.[58] Oft enthalten die Satzungen und Gesellschaftsverträge von Familienunternehmen keine dies klarstellenden Regelungen, womit Auseinandersetzungen über die Zuständigkeit des Beirats und damit über die Wirksamkeit seiner Beschlüsse Tür und Tor geöffnet ist. Daher muss bereits bei der Errichtung des Beirats sehr grundsätzlich festgelegt werden, welcher Stellenwert seinen Entscheidungen zukommen soll.[59]

Ist eine solche eindeutige Festlegung nicht erfolgt, sind Unklarheiten darüber, ob die Beiratskompetenzen verdrängender oder konkurrierender Natur sind, nach vorzugswürdiger Auffassung durch Erforschung der Absichten der Gesellschafter bei Errichtung des Beirats bzw. bei der Kompetenzübertragung aufzuklären: Wurde der Beirat errichtet, um den Einfluss der Gesellschafter auf das Unternehmen zugunsten eines neutralen Gremiums zu reduzieren, ist eine verdrängende Kompetenzzuweisung anzunehmen, in allen anderen Fällen soll dagegen eine lediglich konkurrierende Zuständigkeit vorliegen, da nicht ohne weiteres davon ausgegangen werden könne, dass sich die Gesellschafter von Teilen ihres Einflusses trennen wollen.[60] Die anderen Auffassungen, die sich im Zweifel für eine verdrängende bzw. gegenteilig für eine in dubio konkurrierende Kompetenz aussprechen, vermögen nicht zu überzeugen. Entscheiden kann allein die Ermittlung des Willens der Kompetenzübertragenden.

---

[58] Vgl. *Lange* 2006, S. 897, 901 f.
[59] Vgl. *Iliou* 2004, S. 200.
[60] Vgl. *Lange* 2006, S. 897, 901 f.

3.2.3.5 Besetzung

Die optimale Besetzung eines Beirats gibt es nicht. Auch hier bilden allein die Anforderungen im konkreten Fall die Richtschnur. Maßgebliches Kriterium ist dabei, welche Funktionen dem Beirat zukommen sollen. Sofern die Ausübung beratender Tätigkeiten im Vordergrund stehen soll, ist eine Berufung ausgewiesener Fachleute unerlässlich, die unternehmerische Fähigkeiten, fachliche Qualifikation und Branchenkenntnisse in sich vereinen. Hierbei kommt es nur nachrangig darauf an, ob nur Unternehmensfremde, nur Gesellschafter oder eine Mischung aus beiden Gruppen in dem Gremium vertreten sein sollen.

Sollen dem Beirat Aufgaben der Geschäftsführung übertragen werden, muss wie generell bei der Besetzung von Führungspositionen sichergestellt sein, dass allein die Kompetenz der Kandidaten für die Besetzung entscheidet, mithin ausschließlich nach Fähigkeiten und Eigenschaften der Bewerber ausgewählt wird. Auch hier kommt es nicht in erster Linie darauf an, ob es sich hierbei um Gesellschafter oder Gesellschaftsfremde handelt.

Soll der Beirat hingegen auch zur Kontrolle der Unternehmensleitung berufen sein, eine Schiedsrichterfunktion ausüben, über Personalfragen bestimmen oder dem Interessenausgleich innerhalb des Gesellschafterkreises dienen, ist die persönliche Neutralität des Mitgliederkreises unverzichtbar. In diesem Fall ist neben den Anforderungen an Fähigkeiten und Eigenschaften zudem sicherzustellen, dass die Beiratsmitglieder über ein hohes Maß an Durchsetzungsvermögen auch gegen einzelne Gesellschafter und vor allem ein ausgeprägtes Gespür für mögliche Differenzen in der Gesellschafterfamilie verfügen. Sind bei einer solchen Kompetenzzuweisung auch Gesellschafter in dem Gremium vertreten, sind zwangsläufig alle Entscheidungen dem Verdacht der Parteiergreifung zu Gunsten oder zur Lasten einzelner Gesellschafter ausgesetzt, und der Beirat kann seiner Funktion nicht gerecht werden.

Wird der Beirat hingegen ausschließlich zur Repräsentationszwecken errichtet, spielen Kriterien wie Bekanntheitsgrad, Lebensleistung und Leumund naturgemäß eine herausgehobene Rolle. Daneben sollte allerdings auch die fachliche Eignung nicht völlig in den Hintergrund treten. Bei einem aus früher aktiven Gesellschaftern bestehenden Ältestenrat ergibt sich die Besetzung des Gremiums hingegen von selbst. Da allerdings in diesem Fall die fachlichen Kompetenzen der Beiratsmitglieder nicht als garantiert anzusehen sind, erscheint es dringend angezeigt, neben einem Repräsentationsbeirat ein weiteres Gremium einzurichten, welchem die fachlichen Aufgaben zugewiesen sind.

3.2.3.6 Mitgliederzahl

Die Mitgliederzahlt des Beirats ist weitaus weniger von Bedeutung als die Qualifikation der Angehörigen dieses Gremiums. Zu beachten ist allerdings, dass der Beirat eine Mitgliederzahl aufweisen sollte, die Pattsituationen bei Abstimmungen unmöglich macht. Wenn er – wie regelmäßig – seine Beschlüsse mit einfacher Mehrheit fasst, sollte er über eine ungerade Zahl von Mitgliedern verfügen, damit nicht ausgerechnet in dem Gremium, das zur Auflösung von Pattsituationen in der Gesellschafterversammlung dienen soll, seinerseits Pattsituationen auftreten. Vorsorglich kann dem Beiratsvorsitzenden ein Mehrfachstimmrecht oder – im Ergebnis identisch – ein Letztentscheidungsrecht für den Fall einer Pattsituation eingeräumt werden.

3.2.3.7 Auswahl der Mitglieder

Bei der Suche nach geeigneten externen Beiratsmitgliedern sollten sich die Gesellschafter keinesfalls ausschließlich auf ihnen persönlich bekannte Kandidaten beschränken. Zwar ist es von Vorteil, wenn die Beiratsmitglieder über vertiefte Kenntnisse des Unternehmens und seiner Familie verfügen. Jedoch ist die Festlegung schwierig bis unmöglich, ab welchem Grad an Nähe zu einzelnen Gesellschaftern die Neutralität der Beiratsmitglieder nicht mehr gewährleistet ist. Zudem sollte sichergestellt werden, dass die Mitglieder des Gremiums alle Anforderungen objektiv erfüllen. In wiefern diese Auswahl ausschließlich dem Gesellschafterkreis überlassen werden sollte, ist insbesondere dann schwierig zu beantworten, wenn nicht alle Gesellschafter die Befähigung und Eignung der Kandidaten gleich gut beurteilen können. Zudem sollte der Automatismus verhindert werden, dass einzelne Gesellschaftergruppen einen stark ihren Interessen zugewandten Vertreter in dem Gremium platzieren. Hierdurch würde die notwendige Neutralität der Gremienmitglieder verhindert. Zudem ist die klassische Besetzung mit einem Vertreter der Hausbank, dem altgedienten Hausanwalt, dem Steuerberater sowie langjährigen Freunden der Familie überholt. Auch muss eine neutrale und unvoreingenommene Bewertung der fachlichen Qualifikation und persönlichen Eignung der Kandidaten erfolgen, was bei dem Unternehmen oder der Familie langjährig verbundenen Personen naturgemäß äußerst schwer sein kann. Unbedingt zu vermeiden ist zudem, dass bei der Besetzung eine Auswahl ausschließlich nach den Maßgaben politischer Kompromisse erfolgt.

Um eine sachgerechte Besetzung sicherzustellen, kann dabei auf die Unterstützung Dritter, beispielsweise einschlägig tätiger Personalberatungsunternehmen, zurückgegriffen werden.

4. Die Vermeidung und Lösung bestimmter Konflikte

Im folgenden sollen Anregungen gegeben werden, wie sich einzelne, ausgewählte Anlässe für den Ausbruch von Konflikten entweder von vornherein vermeiden oder im Falle ihres Auftretens möglichst einfach beheben lassen können. Zu beachten ist, dass diese Mechanismen primär den *Anlässen* für den Ausbruch von Gesellschafterkonflikten entgegenwirken sollen und nicht unmittelbar gegen deren *Ursachen* wirken können. Wie dargestellt, liegen jene Ursachen in einem Bereich, der sich am besten durch Instrumentarien der Family Governance behandeln lässt. In den hier dargestellten Konfliktanlässen *manifestiert* sich hingegen erst der auf vorgelagerte Ebene bereits entstandene Konflikt. Gleichwohl ist es für das Unternehmen von größter Bedeutung, nicht nur an der Wurzel des Problems zu arbeiten, sondern begleitend Vorbeugung und Gegenmittel gegen mögliche Symptome zu schaffen.

4.1 Konflikte im Zusammenhang mit der Führung des Familienunternehmens

Potential für den Ausbruch von Konflikten im Gesellschafterkreis von Familienunternehmen bietet sich verstärkt, wenn Fragen der Führung des Familienunternehmens zur Beantwortung stehen. Raum für Auseinandersetzungen bieten dabei die Besetzung von Führungspositionen, die Abberufung solcher Funktionsträger sowie die grundlegende Entscheidung, von wem Führungspositionen überhaupt wahrgenommen werden können, welche Anforderungen also an Geschäftsführer zu stellen sind.

4.1.1 Zur Geschäftsführung in Frage kommender Personenkreis

Grundlegend ist die Frage zu klären, wer aus gesellschaftsrechtlicher Sicht überhaupt für die Mitwirkung in der Geschäftsführung des Familienunternehmens in Betracht kommt. Ergeben sich bereits hieraus zwingende Einschränkungen, kann sich damit die Auswahl unter potentiellen Nachfolgern in die Führungsebene und damit auch das Konfliktpotential verringern.

4.1.1.1 Interessenlage

Oft besteht innerhalb der Unternehmerfamilie der Wunsch, nicht nur die Anteile an dem Unternehmen innerhalb der Familie zu belassen, sondern darüber hinaus auch die Führung des Unternehmens von Familienmitgliedern wahrgenommen zu wissen. Dem liegt meist nicht nur ein grundlegendes Vertrauen darin zugrunde, dass ein Familienmitglied dieselben Fähigkeiten wie der Gründer besitzen wird, der das Unternehmen aufgebaut hat. Mehr noch besteht in Verwandte ein größeres Vertrauen, dass deren Interesse an dem Wohlergehen des Unternehmens dem eigenen Interesse an der Erhaltung der vermögenswerten Beteiligung entspreche. Durch diesen Gleichklang der Interessen wird einer aus Familienangehörigen zusammengesetzten Geschäftsführung regelmäßig größeres Vertrauen entgegengebracht als einer reinen Fremdgeschäftsführung. Vor dem Hintergrund dieses oft identifizierten grundlegenden Interessengleichlaufs erspart der Einsatz eines geschäftsführenden Gesellschafters zugleich vielfach Aufwendungen für die Kontrolle der Interessengerechtigkeit von dessen Handeln. Hinzu kommt, dass die Geschäftsführung durch einen Familienangehörigen eine Reputationssteigerung der Unternehmerfamilie bedeutet, da sie hierdurch ihre genetische Befähigung zum Unternehmertum bestätigt sehen kann.

4.1.1.2 Problemlage

Hat die Unternehmerfamilie jedoch keinen fachlich versierten und persönlich geeigneten Nachfolger hervorgebracht, kann ein Festhalten an dem Wunsch einer internen Führungsregelung den Fortbestand des Unternehmens erheblich gefährden. Zunächst ist daher die grundsätzliche Entscheidung zu treffen, ob bei der Auswahl der Familienangehörigkeit des Kandidaten entscheidendes Gewicht zukommen oder ob der Posten ausschließlich nach fachlicher Qualifikation und persönlicher Eignung besetzt werden soll. Zur Sicherung der Zukunft des Unternehmens ist es unabdingbar, die Auswahl in erster Linie von fachlicher und persönlicher Eignung abhängig zu machen und erst für den Fall, dass mehrere nahezu gleich qualifizierte Bewerber vorhanden sind, unter denen Familienangehörige sind, einem aus diesen Kreis den

Vorzug zu geben.[61] Auf diesem Wege vermeidet die Unternehmerfamilie, dem Unternehmen eine unqualifizierte Leitung zuzumuten, die dessen Bestand und damit den Wert der Kapitalanteile gefährdet. Neben dem durch eine solche Krise ausgelösten Konfliktpotential können sich Auseinandersetzungen jedoch auch daraus entwickeln, dass sich die Gesellschafter nicht auf einen Nachfolger unter mehreren Bewerbern aus ihrem Kreise einigen können, weil jeder den ihm am nächsten stehenden Kandidaten durchsetzen möchte, um sich einen Vorteil zu verschaffen, und spiegelbildlich hierzu andere Kandidaten ablehnt, weil diese eventuell anderen Gesellschaftern zu nahe stehen könnten.

4.1.1.3 Rechtslage

Für Personengesellschaften, also Gesellschaften in den Rechtsformen der GbR, der OHG und der KG, geht der Gesetzgeber grundsätzlich davon aus, dass *alle* persönlich haftenden Gesellschafter die Geschäftsführung wahrnehmen.
Nach diesem sog. Grundsatz der Selbstorganschaft steht die Geschäftsführungskompetenz also den Gesellschaftern zu – und *nur* diesen. Innerhalb dieses Kreises besteht ein recht weitgehender Gestaltungsspielraum. So kann die Geschäftsführung gemeinschaftlich von allen Gesellschaftern wahrgenommen werden (unpraktikabel), jeder persönlich haftende Gesellschafter kann für sich genommen wesentliche Entscheidungen der Geschäftsführung treffen oder die Kompetenzen können zwischen den Geschäftsführern nach Fachgebieten aufgeteilt oder auf einzelne Gesellschafter konzentriert werden. Auch kann in der KG, in der die Kommanditisten gem. § 164 S. 1 HGB grundsätzlich von der Geschäftsführung ausgeschlossen sind, die Unternehmensführung diesen übertragen werden.[62] Damit ergibt sich für die Zuweisung innerhalb des Gesellschafterkreises einiger Gestaltungsspielraum.
Andererseits steht es den Gesellschaftern eines Familienunternehmens in der Rechtsform einer Personengesellschaft nicht frei, die Geschäftsführung ausschließlich auf Nichtgesellschafter zu übertragen.[63] Hinter diesem Grundsatz steht der Gedanke, dass aufgrund der grundsätzlich persönlichen und unbeschränkbaren Haftung

[61] Vgl. *Hennerkes/Kirchdörfer* 1998, § 3 Rn. 3.5.
[62] Vgl. BGH, Urteil vom 14.06.1999 – II ZR 193/98, DB 1999, S. 1698.
[63] Vgl. *Wiedemann/Kögel* 2008, S. 52.

der Gesellschafter diese auch selbst die Entscheidungen treffen sollen, für die sie mit ihrem gesamten Vermögen einzustehen verpflichtet sind. Dieser Gedanke des sog. *Gleichlaufs von Herrschaft und Haftung* eignet sich jedoch nur für kleinere Unternehmen.

Das Bedürfnis größerer personengesellschaftlich organisierter Unternehmen, in der Auswahl der Mitglieder der Unternehmensleitung frei zu sein, lässt sich über einen Umweg dennoch erreichen: Außenstehende Dritte können zwar nicht alleinige Inhaber des organschaftlichen Rechts auf Geschäftsführung werden, jedoch von den Gesellschaftern umfassend mit der Wahrnehmung von Geschäftsführeraufgaben betraut und mit entsprechenden Vollmachten ausgestattet werden.[64] Der Unterschied zu der originären Geschäftsführungsbefugnis der Gesellschafter besteht lediglich darin, dass die Geschäftsführungskompetenz nicht aus dem Gesellschaftsverhältnis selbst entspringt, sondern aus einem besonderen, zwischen Gesellschaftern und Geschäftsführer abgeschlossenen Vertrag. Die organschaftliche Geschäftsführungsbefugnis verbleibt dabei immer bei den Gesellschaftern. Durch diese nicht nur formalistisch wirkende, sondern in der Tat für die Praxis nicht besonders bedeutende Unterscheidung ist es möglich, die Unternehmensleitung von Personengesellschaften auf gesellschaftsfremde Dritte faktisch zu übertragen. Damit bestehen im Ergebnis keine Einschränkungen bezüglich des Personenkreises. Wird somit zulässigerweise ein Geschäftsführungsgremium aus Gesellschaftern und gesellschaftsfremden Dritten zusammengestellt, ist allerdings noch sicherzustellen, dass bei den Fremdgeschäftsführern keine Irritation darüber aufkommt, dass sie auf einer anderen Basis als die eigenen Geschäftsführer tätig werden. Da aufgrund der Natur als Fremdgeschäftsführer jedoch ohnehin ein wesentlicher Unterschied zu Eigengeschäftsführern besteht, dürfte dies nicht weiter ins Gewicht fallen.
Zu beachten ist jedoch, dass durch eine solche vertragliche Fremdgeschäftsführerbestellung der Grundsatz der Selbstorganschaft nicht aufgeweicht werden darf. Immer zu beachten ist, dass es den Gesellschaftern unbenommen bleiben muss, den Vertrag mit dem Fremdgeschäftsführer zu kündigen und seine Bevollmächtigung zu widerrufen. Zudem müssen Weisungsbefugnisse sowie Kontroll- und Informations-

[64] Vgl. BGH, Urteil vom 20.09.1993 – II ZR 204/92, DStR 1993, S. 1918; *Huber* 2004, Rn. 70; *Mayen* in Ebenroth/Boujong/Joost 2001, § 114 Rn. 17.

rechte bei den Gesellschaftern verbleiben. Werden diese Grenzen beachtet, bestehen gegen eine reine oder teilweise Fremdgeschäftsführung in personengesellschaftlich organisierten Familienunternehmen keine Bedenken.

Familienunternehmen in den Rechtsformen von Kapitalgesellschaften – so GmbH und AG – haben derartige Hemmnisse nicht zu beachten. Aufgrund der strukturellen Trennung zwischen Eigentum und Führung in unterschiedliche Organe *muss* zwar nicht, *kann* aber eine auch personelle Trennung gewählt werden. Es ist in Gesellschaften dieser Rechtsform also ohne Weiteres möglich, die Unternehmensleitung vollständig in die Hände von Nichtgesellschaftern zu legen. Einschränkungen ergeben sich lediglich bei mitbestimmten Gesellschaften, bei denen – im Montanbereich ab 1.000, in anderen Bereichen ab 2.000 Arbeitnehmern – ein Arbeitsdirektor als gleichberechtigtes Mitglied der Unternehmensleitung zu bestellen ist.[65] Außerhalb dieser Bereiche sind jedoch keine Beschränkungen zwischen Gesellschaftern und Nichtgesellschaftern zu beachten.

4.1.1.4 Konfliktvermeidungspotenzial

Die Schwierigkeiten, die sich bei der Auswahl des Führungspersonals in Familienunternehmen ergeben können, können vollständig umgangen werden, indem in Unternehmen aller Rechtsformen die Geschäftsführung auf gesellschaftsfremde Dritte übertragen werden kann. Damit können Regelungen getroffen werden, nach denen bei der Besetzung von Führungspositionen ausschließlich fachliche Kompetenz und persönliche Eignung entscheiden und die Familienzugehörigkeit keine Rolle spielt. Weitergehend kann in Unternehmen jeder Rechtsform festgelegt werden, dass die Geschäftsführung ausschließlich durch Gesellschaftsfremde zu erfolgen hat, Familienangehörige mithin von der Führung des Tagesgeschäfts ausgeschlossen werden. Ob eine solche Regelung den Interessen des Unternehmens dienlich ist, ist eine Frage des Einzelfalls. Unter den zuvor genannten Bedingungen ist eine solche Gestaltung rechtlich möglich.

[65] Vgl. §§ 1, 4, 12 MontanMitbestG; §§ 1, 6 Abs. 1, 31 MitbestG.

In diesem Zusammenhang ist auch auf das sog. *Managermodell* hinzuweisen, bei dem einem externen Geschäftsführer für die Dauer seiner Tätigkeit – und nur für diesen Zeitraum – Gesellschaftsanteile übertragen werden, um damit die Motivation des Managers zu steigern, ihn unmittelbar am Ergebnis zu beteiligen und das Gefühl zu vermitteln, für das „auch-eigene“ Unternehmen tätig zu sein. Die Zulässigkeit dieser Gesellschafterstellung auf Zeit ist inzwischen anerkannt. Die ursprünglichen Bedenken, hiermit wäre die unzulässige Möglichkeit zur jederzeitigen grundlosen Hinauskündigung und damit zur Überdisziplinierung eines Gesellschafters verbunden, können als überwunden gelten.[66]

4.1.2 Der zur Auswahl der Geschäftsführung berufene Personenkreis

4.1.2.1 Interessenlage

Anteilseigener von Familienunternehmen haben naturgemäß ein starkes Interesse daran, auf die Unternehmensführung möglichst direkten Einfluss zu nehmen. Sind Positionen in der Leitungsebene zu besetzen, stellt sich die Frage nach der Auswahl unter möglichen Bewerbern. Hierbei kann es zu Konflikten kommen, wenn etwa verschiedene Familiengesellschafter unterschiedliche Aspiranten als vermeintlich einzig geeignete Führungspersönlichkeiten benennen und über diese Differenzen Streitigkeiten entstehen.

Um Derartiges zu vermeiden, ist zu überdenken, die Personalauswahl von Gesellschaftern auf neutrale Dritte zu übertragen – wofür nicht nur ein Personalberatungsunternehmen in Betracht kommt, sondern auch ein ausschließlich mit Nichtgesellschaftern besetzter Beirat. Zwar entspricht eine solche Externalisierung der Personalentscheidung auf den ersten Blick nicht den Interessen der Familienunternehmer, weil diese einerseits hiermit einen Teil ihrer Macht abgeben und andererseits ohne ihren Einfluss mit einem Mitglied der Führungsebene eine Person ausgewählt wird, die indirekt auf den Wert der Kapitalanteile und damit auf das Familienvermögen Einfluss nehmen kann. Jedoch ist zu differenzieren zwischen den Indivi-

[66] So die Entscheidung des BGH vom 19.09.2005 – II ZR 173/04, WM 2005, S. 2043.

dualinteressen der einzelnen Gesellschafter, die in aller Regel auf eine Sicherung und Stärkung ihres Einflusses abzielen, und dem darüber hinausgehenden übergeordneten Interesse aller Eigner am Erhalt ihrer Beteiligung und damit des gemeinsamen Unternehmens. Eine an neutralen und sachlichen Kriterien orientierte Personalauswahl kann eine sachgerechte Besetzung vakanter Posten in der Führungsspitze sicherstellen und damit zur Sicherung des Vermögens der Unternehmerfamilie weit mehr beitragen als eine missglückte eigene Stellenbesetzung.[67] Zudem verringert die Übertragung einer solch grundlegenden Personalentscheidung auf Nichtgesellschafter das Risiko, dass man sich nicht auf den besten geeigneten Kandidaten einigt, sondern aus sachfremden Motiven einen dem Wohl des Unternehmens abträglichen Kompromiss schließt. Daher entspricht eine neutrale und unabhängige Personalauswahl klar dem übergeordneten Interesse der Gesellschafterfamilie.

4.1.2.2 Problemlage

Nach der gesetzlichen Ausgangslage für Personengesellschaften und nicht mitbestimmte Gesellschaften mbH sind für die Auswahl der Mitglieder der Geschäftsleitung die Gesellschafter zuständig. Die gesetzliche Gestaltung beinhaltet mithin das Risiko des Auftretens der geschilderten Konfliktlage.

In Aktiengesellschaften und Gesellschaften mbH, die der paritätischen Mitbestimmung unterliegen, ist der Aufsichtsrat für die Bestellung und Abberufung der Mitglieder der Unternehmensführung zuständig. Dieses dann zur Hälfte mit nicht der Unternehmerfamilie angehörigen Personen besetzte Gremium kann jedoch aufgrund möglicher unterschiedlicher Gewichtungen keine Neutralität sicherstellen. Zudem besteht das Risiko, dass eine Entscheidung nicht anhand von Sachargumenten, sondern nach dem faktischen Kräfteverhältnis erfolgt. Besteht dieses Gremium jedoch ausschließlich aus Nichtfamilienangehörigen, die keine unverhältnismäßige Nähe zu Familienangehörigen besitzen, bestehen keine Bedenken, ihm die Kompetenz zur Bestimmung des Nachfolgers in die Unternehmensspitze zu überlassen.

[67] Vgl. *Hennerkes/Kirchdörfer* 1998, § 3 Rn. 3.09.

4.1.2.3 Rechtslage

Für Familienunternehmen in den Rechtsformen der GbR, OHG und KG kann die originäre Kompetenz zur Bestimmung der Mitglieder der Unternehmensleitung nicht vollständig auf familienfremde Dritte übertragen werden. Hier gilt mit dem sog. Abspaltungsverbot der Grundsatz, dass den persönlich haftenden Gesellschaftern alle aus der Mitgliedschaft resultierenden organisatorischen Mitgliedschaftsrechte verbleiben müssen.[68] Dass diese Rechte nicht auf Nichtgesellschafter übertragen werden dürfen, besagt jedoch nicht, dass die in diesen Rechten verkörperten Befugnisse nicht etwa durch Dritte als fremdes Recht wahrgenommen werden dürften. Gesellschaftern eines Familienunternehmens in der Rechtsform der GbR, OHG und KG können Dritte mit der Bestimmung der Mitglieder der Unternehmensleitung beauftragen, wenn diese Ermächtigung widerruflich ist. Gleiches gilt für die nicht mitbestimmte GmbH.[69] In jedem Fall ist es in solchen GmbH zulässig, einem als Organ der Gesellschaft verankerten Beirat diese Entscheidung zu überlassen.

In mitbestimmten GmbH und in Aktiengesellschaften dagegen liegt die Bestellungskompetenz beim Aufsichtsrat und kann nicht anderweitig zugewiesen werden.
Alternativ kann außenstehenden Dritten ein unverbindliches Vorschlagsrecht bezüglich der Besetzungsfrage verliehen werden. Auch wenn dieses rechtlich nicht bindend ist, so kann doch das Votum außenstehender Dritter auf die Familiengesellschafter neutralisierend und disziplinierend wirken.

Außenstehenden Dritten kann mithin in Unternehmen aller Rechtsformen außer denen der AG und der mitbestimmten GmbH die Kompetenz zur Auswahl der Mitglieder der Geschäftsführung zugewiesen werden. Idealerweise kommt diese Kompetenz einem ausschließlich aus gesellschaftsfremden Dritten bestehenden Beirat zu. Auf diesem Wege lässt sich die Personalentscheidung neutralisieren und die Gefahr des Einfließens sachfremder Motive verringern. Ist eine solche Kompetenzverlagerung unerwünscht oder – wie in mitbestimmten GmbH und Aktiengesellschaften – unzu-

---

[68] Vgl. *K. Schmidt* 2002, S. 560; *Wälzholz* in Sudhoff 2005-1, § 15 Rn. 5.

[69] Nach einer gewichtigen Auffassung soll es in nicht mitbestimmten GmbH sogar zulässig sein, die Entscheidung vollständig auf Dritte zu übertragen, vgl. *Lutter/Hommelhoff* 2004, § 46 Rn. 11; *Priester* 1984, S. 657, 665.

lässig, kann dem Beirat ein unverbindliches Vorschlagsrecht hinsichtlich der Person des Nachfolgers eingeräumt werden. Eine solche Aufgabe kann auch einem Personalberatungsunternehmen übertragen werden, wobei dies jedoch wegen des Erfordernisses genauer Kenntnisse von dem Unternehmen und seinen Bedürfnissen nicht unbedingt die sinnvollste Lösung sein muss. Wird ein von Unabhängigen empfohlener Kandidat präsentiert, dürfte dies einen Appell an die Vernunft auch verfeindeter und pauschal opponierender Familiengesellschafter darstellen und die Wahrscheinlichkeit der Auswahl des objektiv am meisten geeigneten Kandidaten erhöhen.

4.1.3 Abberufung der Geschäftsführer

4.1.3.1 Interessenlage

In Familienunternehmen besteht ebenso wie in anderen Unternehmen seitens der Anteilseigener nicht nur das Interesse, geeignetes Führungspersonal in die Unternehmensspitze zu berufen. Spiegelbildlich dazu besteht die Notwendigkeit, fachlich oder persönlich ungeeignete Mitglieder der Unternehmensleitung möglichst zeitnah und reibungsloslos aus ihrer Position zu entfernen. Schwierigkeiten entstehen, wenn die Eigentümer des Unternehmens über die Frage uneins sind, ob der betreffende Geschäftsführer zur Wahrnehmung seiner Aufgaben tatsächlich ungeeignet ist. Gehört jener dann auch der Unternehmerfamilie an, steigert dies die Schwierigkeiten beträchtlich, ist dann doch nicht nur die Sphäre des Unternehmens betroffen, sondern zugleich die der Familie. Spiegelbildlich zu der Frage nach der Auswahl der Unternehmensführenden besteht das Risiko, dass das Abberufungsbegehren nicht von allen Gesellschaftern geteilt werden kann – sei es aufgrund enger verwandtschaftlicher Bindungen zu dem Betroffenen, sei es, weil sie sich von ihm gut vertreten führen, oder sei es, weil nicht alle Gesellschafter zur Beurteilung der Fähigkeiten und Eigenschaften gleichermaßen in der Lage sind. Auch wenn der Abberufungswunsch noch so gerechtfertigt oder sogar dringend geboten ist, setzen sich die für eine Abberufung eintretenden Gesellschafter doch zwingend dem Verdacht des „Königsmordes“ aus. Um aus solch unterschiedlichen Auffassungen entspringende Schwierigkeiten zu vermeiden, ist in Betracht zu ziehen, die Entscheidung über die

Abberufung von Geschäftsführen ebenso wie die Besetzungsfrage auf nicht zum Gesellschafterkreis zählende Dritte zu übertragen.

4.1.3.2 Problemlage

Die gesetzliche Ausgangslage sieht für Unternehmen in der Rechtsform der GbR vor, dass die Gesellschafter einzelnen geschäftsführenden Gesellschaftern die Geschäftsführungsaufgabe zum einen nur einstimmig, zum anderen nur bei Vorliegen eines wichtigen Grundes entziehen können. Zwar kann durch gesellschaftsvertragliche Regelung ein Mehrheitsbeschluss als ausreichend festgelegt werden, das Erfordernis des Vorliegens eines wichtigen Grundes bleibt jedoch bestehen. Ein solcher kann gem. § 712 Abs. 1 BGB insbesondere in der Begehung einer groben Pflichtverletzung oder in der Unfähigkeit zur ordnungsgemäßen Geschäftsführung liegen, mithin entweder in dem Verhalten des Geschäftsführers oder in seiner Person liegen. In Betracht kommen danach die folgenden Fälle:

- eine die Wahrnehmung der Geschäftsführung massiv beeinträchtigende Krankheit;
- ein mehrjähriges Blockieren der Geschäftsführung in bedeutsamen Fragen aus gesellschaftsfremden Motiven;[70]
- die fortgesetzte Nichtbeachtung von Mitwirkungsrechten der Mitgesellschafter;[71]
- die ständige Verweigerung der Mitarbeit in der Geschäftsführung;[72]
- ein Verstoß gegen das Wettbewerbsverbot aus § 112 HGB;[73]
- die grundlose Kündigung von Angestellten gegen den erklärten Willen von Mitgesellschaftern[74] oder
- strafbare Handlungen zum Nachteil der Gesellschaft.[75]

[70] Vgl. BGH, Urteil vom 24.01.1972 – II ZR 3/069, NJW 1972, S. 862, 864; *Emmerich* in Heymann 1997, § 117 Rn. 9.
[71] Vgl. BGH, Urteil vom 25.04.1983 – II ZR 170/82, NJW 1984, S. 173.
[72] Vgl. *Martens* in Schlegelberger 1992, § 117 Rn. 18.
[73] Vgl. *Hopt* in Baumbach/Hopt 2006, § 117 Rn. 4.
[74] Vgl. BGH, Urteil vom 10.12.2001 – II ZR 139/00, ZIP 2002, S. 396, 398.
[75] Vgl. *Reichert/Winter* 1988, S. 981, 988.

Nach alldem verbleibt die Schwierigkeit, dass mit den Mitgesellschaftern in der Regel Familienangehörige darüber zu entscheiden haben, ob ein wichtiger, die Entziehung der Geschäftsführungsbefugnis rechtfertigender Grund vorliegt. Die Gefahr unterschiedlicher Einschätzungen und Bewertungen sorgt hier für ein Bedürfnis nach einer versachlichten und neutralen Entscheidungsebene.

Für alle in den Rechtsformen der OHG und KG firmierenden Gesellschaften setzt § 117 HGB für die Entziehung der Geschäftsführungsbefugnis die Erhebung einer Klage durch die übrigen Gesellschafter voraus. Auch hier ist das Vorliegen eines wichtigen Grundes erforderlich.
Damit haben sich alle übrigen Gesellschafter zwingend an der Ablösung des Betroffen zu beteiligen. Daraus ergibt sich die Schwierigkeit, dass alle Familiengesellschafter an der Abberufung eines regelmäßig mit ihnen verwandten Gesellschafters aus dessen Position in der Geschäftsführung mitzuwirken haben. Verweigern sich einzelne Gesellschafter, muss deren Mitwirkung auf dem Klagewege verfolgt werden. Durch dieses Prozedere ist die Entscheidungskompetenz für die Abberufung eines Geschäftsführers zwar auf eine unabhängige, neutrale und für sachfremde Erwägungen nicht anfällige Instanz verlagert. Jedoch ist die Anrufung eines Gerichts als Erfordernis für die Abberufung eine sehr hohe Hürde, die in jedem Fall eine weitere Eskalation des Konflikts bewirkt und Frieden in dem Gesellschafterkreis in weite Ferne rückt.

Vorstehendes gilt jedoch nicht für den gesellschaftsfremden Geschäftsführer, dem seine Geschäftsführungsbefugnis lediglich durch schuldrechtliche Vereinbarung eingeräumt wurde. Eine solch hohe Schutzhürde ist für einen Fremdgeschäftsführer nicht erforderlich, da die beschriebenen Mechanismen dem Schutz des tatsächlichen Einflusses des geschäftsführenden Gesellschafters auf seine Beteiligung dienen. Dies ist bei einem Fremdgeschäftsführer naturgemäß nicht erforderlich. Hier steht es den Gesellschaftern in weitem Umfang frei, die Voraussetzungen für die Entziehung der Geschäftsführungsführungsbefugnis im Vorhinein selbst festzulegen. Das Vorliegen eines wichtigen Grundes ist hier nicht erforderlich, ebenso wenig eine besondere Mehrheit für den Gesellschafterbeschluss, mit dem der Fremdgeschäftsführer seiner Kompetenzen verlustig geht. Gleichwohl besteht natürlich auch in diesen Fällen das

Erfordernis, die Beurteilung von Leistung und Qualifikation des Geschäftsführers als Vorfrage zu einer Entscheidung über eine Entziehung der Geschäftsführungsbefugnis auf außenstehende Dritte zu verlagern.

In Familienunternehmen in der Rechtsform einer nicht der Mitbestimmung unterliegenden GmbH liegt die Zuständigkeit für die – jederzeit mögliche und nicht an besondere Bedingung geknüpfte – Abberufung des Geschäftsführers regulär bei der Gesellschafterversammlung. Etwas anderes gilt nur, wenn diese Zuständigkeit auf ein anderes, neutrales Gremium übertragen wurde. Ist dies nicht geschehen, stellt sich auch hier die Problematik, dass Familienangehörige über Qualifikation und Persönlichkeit eines Geschäftsführers als einem der Ihren urteilen müssen. Eine neutrale, an sachlichen Maßstäben orientierte Entscheidung ist damit erschwert. Aber auch im Fall der Fremdgeschäftsführung droht die Gefahr, dass die Entscheidung von sachfremden Erwägungen beeinflusst wird. Vor diesem Hintergrund erscheint auch bei Familienunternehmen in der Rechtsform der GmbH eine Übertragung der Abberufungsentscheidung auf ein neutrales Gremium sinnvoll.

Unterliegt ein in der Rechtsform der GmbH verfasstes Familienunternehmen der Mitbestimmung oder ist die Familiengesellschaft eine Aktiengesellschaft, ist für die Abberufung der Vorstände mit dem Aufsichtsrat ein Gremium zuständig, das regelmäßig nicht mit der Gemeinschaft der Eigentümer der Unternehmensanteile identisch ist. Da die Mitglieder des Aufsichtsrates – mit Ausnahme eventueller Arbeitnehmervertreter – jedoch von den Eigentümern des Unternehmens bestellt werden, besteht auch hier das Risiko, dass die Mitglieder des Aufsichtsrates im Interesse einzelner Anteilseigener bzw. einzelner Stämme handeln, auch wenn dies nicht mit dem Interesse der Gesellschaft deckungsgleich ist. Damit ergibt sich im Ergebnis auch hier kein Unterschied zu der bei den übrigen Gesellschaftsformen identifizierten Problemlage, nach der ein Bedürfnis entsteht, Entscheidungen über die Besetzung von Führungsposten auf ein neutrales, ohne Beteiligung von Familienangehörigen gebildetes Gremium zu übertragen.

4.1.3.3 Rechtslage

Für Familienunternehmen in den Rechtsformen von Personengesellschaften sollte die gesetzliche Konzeption für die Entziehung der Geschäftsführungsbefugnis von Mitgesellschaftern angepasst werden.

In der GbR gilt es zu umgehen, dass Streit über die Frage des Vorliegens eines wichtigen, die Entziehung der Geschäftsführungsbefugnis rechtgertigenden Grundes entsteht. Dies lässt sich entweder bewerkstelligen, indem ein präziser Katalog von Tatbeständen geschaffen wird, bei deren Vorliegen die Geschäftsführungsbefugnis zwingend zu entziehen ist, oder durch eine Einigung darauf, dass diese auch ohne wichtigen Grund entzogen werden kann. Speziell für Familienunternehmen, allerdings stark abhängig vom Einzelfall, kommen für die Entziehung der Geschäftsführungsbefugnis folgender Tatbestandskatalog in Betracht, dessen einzelne Gründe sonst nur bei Hinzutreten besonders schwerwiegender Umstände des Einzelfalls einen wichtigen Grund darstellen würden:

- Gefährdung des Zusammenhalts innerhalb der Familiengesellschafter, bspw. durch sachlich nicht gerechtfertigte Distanzunterschreitung zu einzelnen Gesellschaftern oder Familienstämmen;
- Gefährdung des Verbleibs der Unternehmensanteile in Familienhand, bspw. durch die Liquiditätslage stärker als unternehmensüblich angreifende strategische oder operative Entscheidungen oder sonstige Beeinträchtigungen der Eigenkapitalquote;
- Abkehr vom bewährten geschäftlichen Wertekanon oder anderen tradierten Werten der Unternehmerfamilie;
- Konzentration auf kurzfristige Rendite unter Verdrängung des Postulats eines langfristigen organischen Wachstums;
- indezentes Auftreten nach außen unter Missachtung der Gepflogenheiten der Unternehmerfamilie oder
- Vertrauensentzug durch die (Mit-) Gesellschafter.[76]

[76] Als wichtiger Grund explizit abgelehnt von *Reichert/Winter* 1998, S. 981, 988; vgl. auch *Habermeier* in Staudinger 2003, § 712 Rn. 7; kritisch auch *Keßler* in Staudinger 1991, § 712 Rn. 3.

Wird alternativ *jeder* Grund als für eine Entziehung Geschäftsführungsbefugnis ausreichend festgeschrieben, kann diese Kompetenz ohne das Vorliegen eines besonderen Tatbestandes entzogen werden, solange das Verbot willkürlicher Entscheidungen aus §§ 138, 242 BGB beachtet wird.

Auch in Familiengesellschaften in den Rechtsformen der OHG und KG ist das Erfordernis eines wichtigen Grundes für die Entziehung der Geschäftsführungsbefugnis eines Mitgesellschafters abdingbar. Ebenso wie bei der GbR kann damit ein Tatbestandskatalog geschaffen werden, bei dessen Vorliegen die Geschäftsführungsbefugnis zwingend zu entziehen ist, oder auch eine Entziehung ohne besondere Gründe ermöglicht werden. Änderungsbedarf besteht zudem im Hinblick auf das *Verfahren* der Entziehung der Geschäftsführungsbefugnis. Der Gesetzgeber sieht für OHG und KG vor, dass die Entziehung durch eine gerichtliche Entscheidung zu erfolgen hat. Dies ist jedoch abänderungswürdig, ist eine Klage doch nicht nur kostenaufwändig und langwierig. Hinzukommt, dass durch Bestreiten des Rechtsweges zwangsläufig eine neue Dimension der Eskalation erreicht wird, da eine so formalisierte Art der Auseinandersetzung – auch wenn sie gesetzlich als Regelfall konzipiert ist – als massiver Angriff auf die eigene Position verstanden wird. Es besteht jedoch die Möglichkeit, durch gesellschaftsvertragliche Regelung das gesetzlich vorgesehene Verfahren abzuändern, namentlich nach dem Vorbild der GbR einen schlichten Gesellschafterbeschluss ausreichen zu lassen.[77] Liegt ein wichtiger Grund für die Entziehung der Geschäftsführungsbefugnis vor, sind alle Mitgesellschafter verpflichtet, dem Entziehungsbeschluss zuzustimmen – ein dem zuwiderlaufendes Abstimmungsverhalten wäre missbräuchlich und in Folge dessen unbeachtlich.

Ist die Geschäftsführungsbefugnis durch schuldrechtliche Vereinbarung auf gesellschaftsfremde Dritte übertragen worden, können die Gesellschafter die Voraussetzungen für eine Entziehung der Geschäftsführungsbefugnis im Gesellschaftsvertrag oder an anderer Stelle weitgehend frei vereinbaren. Bei dieser Gestaltung besteht mithin von vornherein ein weiter Gestaltungsspielraum, der von den Gesellschaftern bereits im Voraus unbedingt genutzt werden sollte.

[77] Allgemein anerkannt, siehe nur BGH, Urteil vom 20.12.1982 – II ZR 110/82, BGHZ 36, S. 177, 180; *Mayen* in Ebenroth/Boujong/Joost 2001, § 117 Rn. 39.

In Familienunternehmen in der Rechtsform der GmbH kann der Geschäftsführer, sofern die Gesellschaft nicht der Mitbestimmung unterliegt, gem. § 38 GmbHG jederzeit durch Gesellschafterbeschluss mit einfacher Mehrheit abberufen werden. Aber auch hier können sich die Gesellschafter auf wichtige Gründe einigen, die einen Widerruf der Geschäftsführerbestellung erzwingen. Auch hier sollte in Erwägung gezogen werden, die Entscheidung über die Abberufung eines Geschäftsführers auf ein mit neutralen Dritten besetztes Gremium zu übertragen.

In Aktiengesellschaften und mitbestimmungspflichtigen Gesellschaften mbH hingegen sieht § 84 Abs. 3 AktG vor, dass für den Widerruf der Bestellung des Leitungsorgans ein wichtiger Grund vorliegen muss.

4.1.3.4 Konfliktvermeidung durch Beteiligung Dritter

Um Konflikte innerhalb des Gesellschafterkreises über die Frage zu vermeiden, ob ausreichende Gründe vorliegen, den Geschäftsführer abzuberufen bzw. ihm die Leitungsbefugnis zu entziehen, bietet sich die Übertragung dieser Entscheidungskompetenz auf neutrale Dritte an. In Personengesellschaften sowie in nicht mitbestimmungspflichtigen Gesellschaften mbH ist dies ohne Weiteres möglich. Zwar werden vereinzelt Bedenken erhoben, die Gesellschafter würden sich durch die Weggabe einer derart grundlegenden Kompetenz eines zu großen Teils ihres Einflusses begeben. Dem wird jedoch mit Recht entgegengehalten, dass es den Gesellschaftern jederzeit freisteht, die Abberufungs- bzw. Entziehungskompetenz wieder an sich zu ziehen und die anstehende Entscheidung selbst zu treffen.

In Familienunternehmen in den Rechtsformen von Aktiengesellschaften und mitbestimmten GmbH kann die Abberufungskompetenz nicht aus dem Zuständigkeitsbereich des Aufsichtsrates entfernt werden. Sogar eine Übertragung dieser Kompetenz auf einen Unterausschuss dieses Gremiums ist gemäß § 107 Abs. 3 S. 2 AktG ausgeschlossen; zuständig ist allein der Gesamtaufsichtsrat. Allerdings ist es auch hier möglich, einem Beirat oder ähnlichen Gremium ein Empfehlungsrecht dergestalt einzuräumen, dass dieses Gremium dem Aufsichtsrat eine unverbindliche Empfehlung für oder gegen eine Abberufung unterbreiten kann.

4.2 Kontrolle der Unternehmensleitung

4.2.1 Interessenlage

Die Kontrolle der Unternehmensleitung ist in allen Unternehmen, in denen Eigentum und Führung nicht bei exakt deckungsgleichen Personenkreisen liegen, von grundlegender Bedeutung. Teilen sämtliche Gesellschafter alle Aufgaben der Geschäftsführung abschließend unter sich auf und verfügt jeder von Ihnen über uneingeschränkte Einsichtnahmemöglichkeiten, ergeben sich naturgemäß keine Schwierigkeiten. Sind hingegen – wie regelmäßig in Familienunternehmen – nicht alle Gesellschafter an der Geschäftsführung beteiligt oder wird das Familienunternehmen von einer reinen Fremdgeschäftsführung geleitet, muss diese Distanz zwischen Eigentum und Führung durch Kontrollmechanismen ausgeglichen werden. Dies dient nicht nur zur Wahrung der Interessen der Gesellschafter, sondern zur Erhaltung des Unternehmens insgesamt.[78]

Zu unterscheiden sind zwei unterschiedliche Ausgangslagen: zum einen die vollständige personelle Trennung zwischen Anteilseignerschaft und Geschäftsführung und zum anderen deren teilweise Überdeckung. In beiden Fällen ist Kontrolle durch die Familiengesellschafter erforderlich, um Verhaltensweisen der Geschäftsführer, die den Zielen der Gesellschafter nicht entsprechen, zu verhindern. Im Falle der reinen Fremdgeschäftsführung stehen sich dabei zwei Gruppen gegenüber: die Gesellschafterfamilie auf der einen und die familienfremden Geschäftsführer auf der anderen Seite. Mit Ausnahme des Sonderfalles, in dem zwischen einzelnen Gesellschaftern und Mitgliedern der Fremdgeschäftsführung ein besonderes Näheverhältnis besteht, ergeben sich auf Seiten der Gesellschafter regelmäßig keine funktionsbedingten tiefgreifenden Interessengegensätze. Anders verhält es hingegen, wenn einzelne, aber nicht alle familienangehörigen Anteilseigener in der Geschäftsführung vertreten sind: In diesem Fall besteht nicht nur das Risiko, dass die unterschiedliche tatsächliche Nähe zu dem Unternehmen unterschiedliche Interessen bedingt, so bspw. hinsichtlich der Ergebnisverwendung. Weiter können die Unterschiede in tat-

[78] Vgl. *Hennerkes/Binz/May* 1987, S. 469.

sächlicher Einflussnahmemöglichkeit und potentiellem Informationsstand bei den nicht in der Geschäftsführung vertretenen Miteigentümern für Konflikte sorgen: Sie sind zwar gleichfalls an dem Unternehmen beteiligt, geben das Schicksal ihrer Beteiligung aber partiell in die Hände anderer Familiengesellschafter. Sind die Entscheidungen der geschäftsführenden Anteilseigener für die passiven Gesellschafter jedoch nicht eindeutig nachvollziehbar, kann aus einer solchen Informationsasymmetrie schnell eine von wechselseitigem Misstrauen geprägte Atmosphäre entstehen, die den Ausbruch an anderer Stelle ausgelöster Konflikte zu beschleunigen und schon bestehende Auseinandersetzungen zu verstärken geeignet ist.

4.2.2 Problemlage

In Personengesellschaften hält der Gesetzgeber keine von dem Gesamtgesellschafterkreis verschiedene Kontrollinstanz bereit. Die Überwachung der Geschäftsführung obliegt ausschließlich den Gesellschaftern, geht der Gesetzgeber doch vom Leitbild einer Gesellschaft mit einem überschaubaren Gesellschafterkreis unter aktiver – geschäftsführender – Mitwirkung aller persönlich haftender Gesellschafter aus.[79] Bei diesem Modell stellt die Kontrolle der Geschäftsführung tatsächlich höchstens ein nur geringes Problem dar. Bei Familienunternehmen mit einem umfangreichen Gesellschafterkreis mit aktiven und passiven Gesellschaftern, wie vielfach ab der dritten Generation der Fall, ist diese Kontrolle jedoch nicht mehr hinreichend gewährleistet.

Vergleichbar ist die Situation der gesetzlich vorgesehenen Kontrollmechanismen bei der GmbH. Wenn nicht entweder aufgrund zwingender mitbestimmungsrechtlicher Vorschriften oder auf freiwilliger Basis nach Maßgabe von § 52 GmbHG ein Aufsichtsrat eingerichtet wurde, ist die Kontrolle der Geschäftsführung ebenso wie bei Personengesellschaften den Anteilseignern überlassen. Entsprechend ergeben sich auch hier bei einem umfangreicheren, zumindest teilweise nicht an der Geschäftsführung beteiligten Gesellschafterkreis die geschilderten Risiken.
Bei Aktiengesellschaften hingegen ist der zwingend zu bestellende Aufsichtsrat zur Überwachung des von ihm immer personenverschiedenen Vorstands berufen. Dieser

---

[79] Vgl. *Hennerkes/May* 1988, S. 2761, 2763.

ist dem Aufsichtsrat gegenüber berichtspflichtig, insbesondere hinsichtlich der Finanz-, Investitions- und Personalplanung. Ergänzend bestehen für den Aufsichtsrat umfangreiche Einsichtnahme- und Prüfrechte. Bei alldem beschränkt sich das Kontrollrecht nicht auf die Rechtmäßigkeitsprüfung, sondern umfasst auch die Zweckmäßigkeit und Wirtschaftlichkeit der Unternehmensleitung. Diese Art von Kontrolle und Überwachung ist geprägt von ständiger kooperativer Beratung und schlägt sich nur ausnahmsweise in formellen Maßnahmen nieder. Weiter bestimmt § 111 Abs. 2 AktG, dass der Abschlussprüfer für den Jahres- sowie ggf. den Konzernabschluss vom Aufsichtsrat beauftragt wird. Zudem steht dem Aufsichtsrat die Einberufung der Hauptversammlung frei, wenn das Wohl der Gesellschaft dies erfordert. Ferner sieht § 111 Abs. 4 AktG die verpflichtende Begründung von in der Satzung niederzulegenden Zustimmungsvorbehalten zu Gunsten des Aufsichtsrats zu bestimmten Arten von Geschäften vor. Die genaue Ausgestaltung dessen bleibt dabei der Satzung oder dem Aufsichtsrat selbst vorbehalten.[80] Für Familienunternehmen in der Rechtsform der Aktiengesellschaft existiert damit bereits nach der gesetzlichen Konzeption eine Instanz zur Kontrolle des Vorstandes als dem zur Geschäftsführung berufenen Organ.

4.2.3 Konfliktvermeidung durch Gesellschaftsvertrag

In den Gesellschaftsverträgen personengesellschaftlich organisierter Familienunternehmen können Regelungen getroffen werden, die die Kontrolle der Geschäftsführung durch die Familiengesellschafter erleichtern. So kann etwa festgelegt werden, in welchen zeitlichen Abständen die Geschäftsführung anlassunabhängig über die Lage des Unternehmens zu berichten hat. Daneben können bestimmte Sachverhalte definiert werden, deren Eintritt besondere Berichtspflichten auslöst.

Darüber hinaus können bei der GbR generell, bei OHG und KG auch im Bereich der nicht über den gewöhnlichen Betrieb des Handelsgewerbes hinausgehenden Geschäfte[81] Zustimmungsvorbehalte zugunsten der Gesellschafter festgelegt werden.

---

[80] Vgl. *Heidel* 2007, § 111 Rn. 24.

[81] Außerhalb des Bereichs der nicht über den gewöhnlichen Betrieb hinausgehenden Geschäfte sind ohnehin gem. § 116 Abs. 2 HGB grundsätzlich alle Gesellschafter zur Beschlussfassung über die Geschäftsführungsmaßnahme berufen.

Regelmäßig werden solche Sachverhalte als Kataloge zustimmungspflichtiger Geschäfte in den Gesellschaftsvertrag aufgenommen und betreffen zumeist Beschlüsse über die Erteilung von Prokuren und Handlungsvollmachten sowie über Grundstücksgeschäfte und Bürgschaftserteilungen.[82] Auf diese Art und Weise kann eine engmaschige Kontrolle der Geschäftsführer sicher gestellt werden. Fraglich ist dabei nur, ob die Ausübung der Kontrolle durch die Gesellschafter sinnvoll ist. Ufert beispielsweise der Bereich zustimmungspflichtiger Geschäfte aus oder werden die Gesellschafter häufig mit Sonderberichten versorgt - ein Vorgehen, das von der Geschäftsführung im Extremfall auch bewusst zur Ermüdung der Gesellschafter eingesetzt werden kann -, besteht das Risiko, dass die Sorgfalt bei der Ausübung der Kontrollaufgaben leidet. Schwierig kann eine solche Kontrolle auch dann werden, wenn der Gesellschafterkreis einen großen Umfang besitzt und mit unterschiedlich interessierten oder abgestuft kompetenten Gesellschaftern besetzt ist. Hier muss im Einzelfall sehr genau geprüft werden, ob die Kontrolle der Geschäftsführung wirklich durch die Gesellschafter selbst erfolgen soll.
Bei Familienpersonengesellschaften, in denen die Geschäftsführung nur von einem Teil der Gesellschafter wahrgenommen wird, ist eine Kontrolle durch die übrigen Gesellschafter zwar grundsätzlich unerlässlich, sind jedoch die bereits beschriebenen Interessengegensätze zwischen Geschäftsführenden und nicht tätigen Gesellschaftern unbedingt zu beachten. Eine sachliche und neutrale Kontrolle der Geschäftsführung wird durch diese Interessengegensätze erschwert. Zudem bestehen aufgrund der besonderen Konstellation in Familienunternehmen bei geschäftsführenden Familiengesellschaftern vielfach Vorbehalte gegen eine Überwachung durch die Mitgesellschafter, da von ihnen mitunter eine nicht fachlich, sondern persönlich motivierte Ausübung der Kontrollkompetenz erwartet wird. Daher erscheint die Kontrolle geschäftsführender Gesellschafter durch ihre Mitanteilseigner zumindest problematisch.

Bei Familienunternehmen in der Rechtsform der GmbH stellt sich die Problemlage exakt wie bei Familienpersonengesellschaften dar. Auch hier hängt der Nutzen der Eignerkontrolle der Geschäftsführung massiv von Motivation und Kompetenz der

[82] Vgl. *Hennerkes/May* 1988, S. 2761, 2763.

Gesellschafter ab. Ebenso besteht auch hier die geschilderte Problematik bei der Kontrolle von Eigengeschäftsführern.

Bei Aktiengesellschaften wird die Kontrolle im Aufsichtsrat von einem von der Aktionärsgesamtheit personell verschiedenen und damit zumindest neutral besetzbarem Gremium wahrgenommen. Die Kontrolle umfasst neben der Überprüfung der Rechtmäßigkeit der Geschäftsführung – mithin der Einhaltung von Gesetz, Satzung und Geschäftsordnung – auch und gerade wirtschaftlicher Aspekte. Der Bereich von Führungsmaßnahmen, die dem Aufsichtsrat zur Zustimmung vorgelegt werden müssen, ist dabei durch den Satzungsgeber oder den Aufsichtsrat selbst definierbar.[83] Eine Grenze ist lediglich dort erreicht, wo ein Übermaß an Zustimmungsvorbehalten die eigenverantwortliche Leitungsaufgabe des Vorstandes unzulässig beeinträchtigt. Diese Abweichung von der im § 76 Abs. 1 AktG angeordneten Geschäftsleitungskompetenz des Vorstandes soll die Einbindung des Aufsichtsorgans in grundlegende, für das Wohl des Unternehmens wesentliche Entscheidungen sicherstellen. Bspw. können dabei folgende Beschlussgegenstände erfasst werden:

- Jahres- und Investitionsplanung sowie deren Abänderung und Überschreitung;
- Gründung, Auflösung und Veräußerung von Tochtergesellschaften und deren Niederlassungen, wenn diese nicht nur Vertriebsaufgaben wahrnehmen;
- Erwerb und Veräußerung von Unternehmen, Unternehmensteilen und Beteiligungen, sofern der Kaufpreis bzw. ein erwartetes zusätzliches Investitionsvolumen einen bestimmten Betrag überschreitet;
- Erwerb und Veräußerung von Grundbesitz unter entsprechender Maßgabe;
- Aufnahme und Gewährung von Krediten ab einem bestimmten Volumen;
- Einführung und Änderung von Optionsplänen für Mitarbeiter;
- Aufnahme und Aufgabe von Produkten und Geschäftsfeldern;
- Bestellung und Abberufung von Mitarbeitern der Geschäftsleitung wesentlicher Tochtergesellschaften;
- Erteilung von Beratungsaufträgen an den (Konzern-) Abschlussprüfer.

---

[83] Vgl. *Lutter* in Ringleb/Kremer/Lutter/v. Werder 2005, Ziff. 3.3 Rn. 374.

Durch einen solchen Katalog kann eine Verbesserung der Kontrolle des Vorstands sichergestellt werden. Maßgabe ist jedoch eine ständige Aktualisierung der Tatbestände, insbesondere deren Anpassung an die Dynamik des wirtschaftlichen Umfeldes.[84] Zu berücksichtigen ist jedoch, dass eine konfliktvermeidende Wirkung dieser Kontrolle nur dann sichergestellt ist, wenn die Besetzung des Aufsichtsrates darauf abgestimmt ist, Konfliktlagen aus dem Aktionärsgremium nicht personell bedingt auf das Überwachungsgremium übertreten zu lassen. Eine solche Konfliktlage droht, wenn Vertreter widerstreitender Aktionärsinteressen oder sich bereits unversöhnlich gegenüberstehende Eigentümergruppen proportional in dem Kontrollgremium vertreten sind. Der insoweit sicherste, wenn auch den Eigentümern nicht immer einfach vermittelbare Weg zur weitestgehenden Neutralisierung der Kontrolle des Vorstandes ist die Besetzung des Aufsichtsgremiums mit ausschließlich aktionärsfamilienfremden Dritten, die in gleichem Maße das Vertrauen aller Familiengesellschafter besitzen.

4.2.4 Konfliktvermeidung durch Beteiligung Dritter

In personengesellschaftlich verfassten Familienunternehmen kann die Aufgabe der Kontrolle der Geschäftsführung einem von der Gesellschaftergesamtheit verschiedenen Gremium übertragen werden. Um die Infizierung dieses Gremiums mit im Gesellschafterkreis bereits vorhandenen Konflikten zu vermeiden und mögliche Interessengegensätze zwischen den Anteilseignern auszublenden, sollte ein solcher Beirat ausschließlich mit Familienfremden besetzt werden.[85] Auch kann auf diesem Wege grundsätzlich mehr als bei einem mit Gesellschaftern besetzten Gremium der Fokus auf die Versammlung fachlicher Exzellenz gerichtet werden. Gestalt annehmen kann die Kontrolle, indem analog zu den Kompetenzen des Aufsichtsrats in der Aktiengesellschaft Zustimmungspflichten für bestimmte Geschäftsführungsmaßnahmen aufgestellt werden. Wie dort empfehlen sich Zustimmungsvorbehalte insbesondere für unternehmerische Kernentscheidungen, so beispielsweise bei Änderung des Produkt- oder Marketingkonzepts sowie bei Unternehmenskäufen und umfang-

[84] Vgl. *Lange* 2006, S. 897, 900.
[85] Vgl. *May* in Hennerkes/Kirchdörfer 1998, § 15 Rn. 15.26.

reichen Investitions- oder Finanzierungsentscheidungen. Der Katalog zustimmungspflichtiger Geschäfte muss den Erfordernissen des jeweiligen Unternehmens angepasst und die einschlägigen Tatbestande präzise umschrieben werden, darf keinesfalls nur Beispiele oder generalklauselartige Umschreibungen enthalten.[86] Zu beachten ist jedoch, dass die Einräumung von Zustimmungspflichten nicht zu einer völligen Entmachtung der Geschäftsführung führen darf, insbesondere wenn diese Aufgabe ganz oder teilweise von Gesellschaftern wahrgenommen wird. Um eine Verletzung des Abspaltungsverbots zu vermeiden, sollte die Kompetenzübertragung auf den Beirat jedenfalls aus wichtigem Grund reversibel sein. Auf diesem Wege kann bei fremdgeführten und bei von einem Teil der Familiengesellschafter geleiteten Familienunternehmen das Vertrauen der Anteilseigner in die Unternehmensführung gestärkt und damit insbesondere in den zuletzt genannten Fällen Konflikten unter den Familiengesellschaftern sowie in der Unternehmerfamilie Raum entzogen werden. Auch ist die Externalisierung der Leitungskontrolle in Familienunternehmen mit einem umfangreichen Eigentümerkreis sinnvoll, da die Wahrnehmung von Überwachungsaufgaben durch die Gesellschafter selbst schlicht unpraktikabel ist und sich hieraus ergebende Versäumnisse in Konflikten niederschlagen können.
Weiter kann ein Kontrollbeirat zugleich als Informationspool für die Familiengesellschafter dienen.[87] So können sehr umfangreiche Berichtspflichten der Geschäftsführung an den Beirat aufgestellt und der Beirat seinerseits verpflichtet werden, einen konstanten Informationsfluss zu den Gesellschaftern sicherzustellen. Hierdurch können Informationsasymmetrien zwischen den Gesellschaftern weitgehend ausgeschlossen werden.
Die Errichtung eines Beirats kann somit dazu beitragen, bestehende Konflikte zwischen den Gesellschaftern von Familienunternehmen einzudämmen und vorhandenes Konfliktpotenzial von vornherein zu reduzieren.

Bei Familiengesellschaften mbH können einem Beirat nach Maßgabe der vorstehenden Ausführungen und mit identischem Potential zur Konfliktvermeidung Kontroll- und Überwachungsaufgaben übertragen werden.[88] Im Unterschied zur Rechtslage

[86] Vgl. *Lange* 2006, S. 897, 900.
[87] Vgl. *Sigle* 1998, S. 619, 621.
[88] Vgl. *Huber* 2004, Rn. 99; *Lange* 2006, S. 897, 900 f.

bei Personengesellschaften können die Gesellschafter einer GmbH ihre Zuständigkeit zur Prüfung und Überwachung der Geschäftsführung vollständig auf ein mit Nichtgesellschaftern besetztes Gremium übertragen.[89] Familienunternehmen dieser Rechtsform steht damit die Möglichkeit offen, im Interesse der Konfliktvermeidung im Gesellschafterkreis eine sachgerechte und neutrale Kontrolle der Geschäftsführung durch neutrale Dritte zu etablieren.

Alternativ besteht die Möglichkeit, bei der GmbH einen fakultativen Aufsichtsrat zur Überwachung der Geschäftsführung nach Maßgabe des § 52 GmbHG zu errichten. Das Verhältnis eines solchen Aufsichtsrates zu einem Beirat verhält sich folgendermaßen: Einem als solchem bezeichneten Aufsichtsrat *muss* die Überwachung der Geschäftsführung mindestens in demselben Umfang obliegen, in dem in der Aktiengesellschaft die Kontrolle des Vorstands durch den Aufsichtsrat erfolgt, da der Rechtsverkehr mit dem Begriff des Aufsichtsrats eine entsprechende Kontrolldichte verbindet.[90] Macht die GmbH-Gesellschafterversammlung jedoch von der Möglichkeit Gebrauch, die Kontrollkompetenzen abzuschwächen, handelt es sich nicht um einen Aufsichtstrat im Sinne von § 52 GmbHG. Entsprechend darf das Kontrollgremium dann nicht als Aufsichtsrat bezeichnet werden. Entspricht der Kontrollumfang hingegen der aktienrechtlichen Dimensionierung, ist das Überwachungsorgan Aufsichtsrat, und zwar unabhängig von weiteren ihm zugewiesenen Aufgaben und ohne Rücksicht auf seine Bezeichnung im Einzelfall.[91] Zu beachten ist weiter, dass sich ein diesen Voraussetzungen entsprechendes Gremium gem. § 52 GmbHG in das starre Korsett aktienrechtlicher Vorschriften einzufügen hat, wenn und soweit die Satzung keine ausdrücklichen Abweichungen regelt. Verzichtet der Satzungsgeber also auf Modifikationen, muss das Überwachungsgremium den aktienrechtlichen Vorschriften beispielsweise zu Größe und Zusammensetzung, Wählbarkeit der Mitglieder sowie deren Vergütung und Haftung entsprechen.[92] Durch eine solche Unterlassung würde die Gesellschaft ohne Not auf den größten Vorteil eines fakultativen Überwachungsgremiums verzichten, namentlich auf dessen große Flexibilität und Angleichbarkeit an die Erfordernisse des Einzelfalls. Abweichende Satzungsregelungen sind mithin anzuempfehlen. Unbenommen ist es den Gesellschaftern, nebeneinander sowohl

[89] Vgl. *Thümmel* 1995 S. 2461, 2464.
[90] Vgl. *Lange* 2006, a.a.O.
[91] Vgl. *Froning* in Sudhoff 2005-2, § 49 Rn. 10.
[92] Vgl. *Huber* 2004, Rn. 39.

einen fakultativen Aufsichtsrat im Sinne von § 52 GmbHG zur Überwachung der Geschäftsführung als auch einen zusätzlichen Beirat zur Wahrnehmung anderer Aufgaben zu errichten. Hierbei sollten Familienunternehmer jedoch nicht der Versuchung erliegen, überkomplexe Strukturen zu schaffen, da diese das Unternehmen lähmen oder die beabsichtigte Funktion der Gremien aufheben können.

Wie oben ausgeführt, ist bei der Aktiengesellschaft bereits die *Errichtung* eines zusätzlichen Gremiums mit Kontrollaufgaben unzulässig, wenn schon der Errichtungsakt in die gesetzliche Kompetenzzuweisung eingreift. Die Etablierung eines solchen Gremiums begegnet hingegen dann keinen Bedenken, wenn dessen Aufgabenbereich die Zuständigkeiten des Aufsichtsrats unberührt lässt. Für Kontrollaufgaben bleibt jedoch kein Raum, da die Kontrolle der Unternehmensleitung gem. § 111 Abs. 1 AktG ausschließlich dem Aufsichtsrat obliegt. Einem Beirat, Verwaltungsrat oder Beraterkreis der Aktiengesellschaft können somit lediglich rein beratende oder unterstützende Aufgaben zukommen. Aufgrund der einschlägigen Aufgabenzuweisung an den Aufsichtsrat besteht für eine weitere Kontrollinstanz aber insbesondere dann kein Bedürfnis, wenn der Aufsichtsrat nach den zuvor genannten Kriterien besetzt ist und damit als tatsächlich neutrales Gremium eine sachgerechte Überwachung des Vorstandes sicherstellen kann.

4.2.5 Zusammenfassung

Zusammenfassend lässt sich festhalten, dass die Aufgabe der Überwachung der Geschäftsführung in Familienunternehmen, die als Personengesellschaften und Gesellschaften mbH verfasst sind, aus Gründen der Sachlichkeit und Neutralität am besten durch einen mit gesellschaftsfremden Dritten besetzten – wie auch immer bezeichneten – Beirat wahrgenommen werden kann. Auf diesem Wege kann vermieden werden, dass Konflikte aus dem Gesellschaftergremium auf die Geschäftsführung durchschlagen. Auch erscheint eine derartige Kontrolle sinnvoll, wenn nur ein Teil des Gesellschafterkreises mit Aufgaben der Geschäftsführung betraut ist oder die Gesellschaft eine große Zahl an Anteileignern besitzt. Grundsätzliche Bedenken gegen die Zulässigkeit einer solchen Gestaltung bestehen nicht.

Bei Familienaktiengesellschaften hingegen obliegt die Kontrolle des Vorstandes ausschließlich dem Aufsichtsrat. Die Sachgerechtigkeit dieser Zuweisung hängt in Familienunternehmen stark von der Besetzung dieses Gremiums ab. Wie bei den anderen Gesellschaftsformen kann durch eine Aufnahme ausschließlich Familienfremder vermieden werden, dass eine unsachliche und/oder unqualifizierte Kontrolle stattfindet und dass Konflikte aus dem Aktionärskreis auf das Leitungsorgan übergreifen.

4.3 Konflikte im Zusammenhang mit der Ergebnisverwendung

Bei den im Zuge der Ermittlung des Unternehmensergebnisses anstehenden Entscheidungen bietet sich umfangreiches Konfliktpotential, wird doch an dieser Stelle über den Umfang der wirtschaftlichen Vorteile entschieden, die das Familienunternehmen der Unternehmerfamilie gewährt. So können Interessengegensätze zwischen jenen Gesellschaftern auftreten, die sich dem Unternehmen in hohem Maße verbunden fühlen und es für die Zukunft bestens gerüstet sehen wollen, um seine Zukunft als identifikationsstiftendes Zentrum und Einkommensquelle der Unternehmerfamilie noch für lange Zeit gesichert zu sehen, und solchen Gesellschaftern, deren Grad an Identifikation mit der Familiengesellschaft geringer ist und die infolgedessen eher kurzfristige Präferenzen haben.[93] Die erste Gruppe weist regelmäßig eine größere Bereitschaft auf, die Eigenkapitaldecke des Unternehmens auch zu Lasten der Dividende zu stärken, und wird sich daher mit einer hohen Thesaurierungs- und einer geringeren Ausschüttungsquote einverstanden erklären. Bei solchen langfristig denkenden Familiengesellschaftern ist zudem ein größeres Maß an Bereitschaft vorhanden, auf die Zahlung einer Dividende ganz zu verzichten, wenn das Familienunternehmen beispielsweise einer größeren Investition entgegensieht oder wenn sich die Gesellschaft in einer Krise befindet und die vorhandenen Mittel zur Liquiditätssicherung eingesetzt werden sollen.

Innerhalb der zweiten Gruppe herrscht dagegen oft die Betrachtung des Familienunternehmens als bloßes Investment vor, das eine möglichst hohe Rendite erbringen soll. Diese Gruppe wird ihr regelmäßig ausgeprägtes Interesse an einer hohe Ausschüttungsquote mit größerem Nachdruck verfolgen und eine geringere Bereitschaft

[93] Vgl. *Hennerkes/Kirchdörfer* 1998, § 3 Rn. 3.24.

zeigen, erforderlichenfalls auf eine Dividende zu verzichten. Insbesondere bei Gesellschaftern, die dem Unternehmen – durch mangelndes Interesse, durch verwandtschaftlich größere Entfernung zu dem Kern der Unternehmerfamilie oder durch fehlende operative Einbindung in die Familiengesellschaft – nicht sehr nahe stehen oder von diesem gar deutlich entfremdet sind, ist diese renditeorientierte Betrachtungsweise verbreitet.[94] Eine Verschärfung dieses Konfliktfeldes tritt auf, wenn eine Gesellschaftergruppe auf die Dividendenzahlungen angewiesen ist, um damit ihren Lebensunterhalt zu bestreiten. Diese Gesellschafter kommen dann naturgemäß weitaus schwerer mit einer Vollthesaurierung von Gewinnen zurecht als solche Gesellschafter, deren Einkommen nicht primär aus Mittelzuflüssen aus dem Familienunternehmen besteht. Stellt die zuletzt genannte Gruppe die Gesellschaftermehrheit dar, könnte sie auf die Gewinnverwendung dergestalt Einfluss ausüben, dass die Gewinne nicht mehr ausgeschüttet werden. Die wirtschaftlich abhängige Gesellschafterminderheit hätte dadurch keinen Anreiz mehr, ihre Anteile zu halten, und könnte sogar gezwungen sein, ihre Anteile zu veräußern – was je nach gesellschaftsvertraglicher Regelung nur innerhalb des Gesellschafterkreises und dann ggf. nicht zum vollen wirtschaftlichen Wert der Anteile möglich sein kann.

Bei einer solchen Gestaltung würden Minderheitsgesellschafter ohne sonstiges Einkommen und mit schlechterem finanziellen Hintergrund quasi „ausgehungert“ werden. Dies erscheint nicht nur insofern problematisch, als es kein besonders anerkennenswertes Verhalten der einem solchen Mehrheitswillen unterworfenen Minderheit gegenüber darstellt. Auch werden die betroffenen Gesellschafter, sobald sie die Ziele der Mehrheit durchschauen, vielfach nicht mehr das Wohl des gemeinsamen Unternehmens in den Vordergrund rücken, sondern ihre wirtschaftlichen Interessen unter Umständen zur Lasten des Unternehmenswohls durchzusetzen versuchen.

Ein weiterer Interessengegensatz in Bezug auf die Höhe des auszuweisenden Gewinns kann zwischen Geschäftsführern und nichttätigen Gesellschaftern bestehen. Sind erstere auch aufgrund ihrer operativen Rolle am Unternehmensgewinn beteiligt, haben sie ein starkes Eigeninteresse daran, ein möglichst positives Unternehmensergebnis auszuweisen. Den nichttätigen Gesellschaftern hingegen ist regelmäßig nicht nur an der Erstellung eines realistischen Abbildes der Lage des Unternehmens gelegen. Auch verringert ein geringerer Gewinn die Bemessungsgrundlage ihrer

[94] Vgl. *v. Schlippe/Groth* 2007, S. 26, 32.

Steuerlast. Insbesondere für die Gesellschafter eines Familienunternehmens in personengesellschaftlicher Rechtsform ist dieser Umstand von einiger Bedeutung, fällt die auf den Gewinn erhobene Steuer hier doch im Gegensatz zu Kapitalgesellschaften nicht bei dem Unternehmen an, sondern unmittelbar bei den Gesellschaftern.

Im Zusammenhang mit der Ergebnisverwendung sind drei Fragestellungen zu unterscheiden:

1. Wem steht die Kompetenz zur Ermittlung des erzielten Gewinns zu?
2. Wie ist ein positive Ergebnis zu verwenden, d.h. zu welchen Anteilen wird der Gewinn thesauriert und in welchem Umfang an die Gesellschafter ausgeschüttet?
3. Nach welchem Schlüssel wird der auszuschüttende Gewinnanteil unter den Gesellschaftern verteilt?

Diese Bereiche sind insbesondere für Familienunternehmen von großer Bedeutung, stellt sich hier doch aus verschiedenen Blickwinkeln beträchtliches Konfliktpotential. Gleiches gilt für die banal klingelnde, jedoch praktisch sehr bedeutsame Frage, inwieweit Angehörige der Unternehmerfamilie über die Gewinnbeteiligung hinaus materielle Vorteile aus dem Unternehmen ziehen.

4.3.1 Die Zuständigkeit zur Ermittlung des Unternehmensergebnisses

4.3.1.1 Interessenlage

Die Frage nach der Zuständigkeit für die Ermittlung des erzielten Gewinns ist damit von einiger Bedeutung. Die Gewinnermittlung erfolgt durch Aufstellung des Jahresabschlusses. Die Aufstellung bezeichnet den Akt der Vorbereitung des Jahresabschlusses bis zu dessen Beschlussreife.[95] Von dieser Maßnahme zu unterscheiden ist die *Fest*stellung des Jahresabschlusses, die dessen Anerkennung als richtig und verbindlich innerhalb der Gesellschaft sowie im Bezug zur Außenstehenden dar-

[95] Vgl. *Binz/Sorg* 1996, S. 969.

stellt.[96] Innerhalb des Gesellschafterkreises können die oben beschriebenen Interessengegensätze zwischen thesaurierungs- und ausschüttungsorientierten Anteilseignern bereits auf Ebene von Aufstellung und Feststellung des Jahresabschlusses für Konflikte sorgen, zumal durch die Ausübung von Wahlrechten beispielsweise bei der bilanziellen Bewertung von Vermögenspositionen Einfluss auf die Höhe des nominell ausgewiesenen Unternehmensergebnisses ausgeübt werden kann. Durch einen konservativen Wertansatz verringert sich der ausweisbare Unternehmensgewinn und damit die Vermögensmasse, die später unter den Gesellschaftern aufgeteilt werden kann.

Daher ist es bereits bei der Aufstellung des Jahresabschlusses von Bedeutung, die vorhandenen Vermögenswerte nicht nur bilanzrechtlich einwandfrei, sondern auch entsprechend den in Ausgleich gebrachten Interessen aller Gesellschafter zu bewerten. Bei der Aufstellung des Jahresabschlusses bestehen bestimmte Wahlrechte bei der Bewertung der Vermögensbestandteile, so dass bereits auf dieser Ebene Ermessensspielräume bestehen. Zu unterscheiden ist zwischen denjenigen Bilanzierungsentscheidungen, die der Darstellung der Lage des Vermögens im Sinne von § 238 Abs. 1 HGB dienen, und solchen Bilanzierungsentscheidungen, mit denen im Ergebnis über die Verwendung des erzielten Unternehmensergebnisses entschieden wird.[97] Erstere fallen in den Kompetenzbereich der Geschäftsführer.

Über das erzielte Ergebnis wird weiter mit der **Feststellung** des Jahresabschlusses entschieden. Dabei handelt es sich um die Verbindlicherklärung des Jahresabschlusses im Verhältnis der Gesellschafter untereinander sowie gegenüber außenstehenden Dritten.[98] An dieser Stelle entscheidet sich formell abschließend, in welcher Höhe das Familienunternehmen Gewinne oder Verluste erwirtschaftet hat. Auch insoweit verbleibt Ermessensspielraum: Betreffen Bilanzierungsmaßnahmen die Ergebnisverwendung, also beispielsweise die Bilanzierung offener Rücklagen oder die Bildung zusätzlicher Abschreibungen, Aufwandsrückstellungen oder steuerlicher Sonderabschreibungen, obliegen die Entscheidungen hierüber grundsätzlich allen Gesellschaftern gemeinschaftlich.

[96] Vgl. *Winnefeld* 2006, Rn. H 110, H 120.
[97] Vgl. BGH, Urteil vom 29.03.1996 – II ZR 264/94, BGHZ 132, S. 263, 274.
[98] Vgl. *Binz/Sorg* 1996, S. 969.

Konfliktpotential bietet sich insoweit, als die Ermittlung des Unternehmensgewinns nahezu unmöglich in einer den unterschiedlichen Interessen aller beteiligter Anteilseigner gerecht werdenden Art und Weise erfolgen kann. Daher ist eine Lösung anzustreben, die die Gewinnermittlung durch neutrale Personen und im in Ausgleich gebrachten Interesse aller Beteiligter ermöglicht.

4.3.1.2 Problemlage

In Familienunternehmen aller Rechtformen ist der Jahresabschluss von den Geschäftsführern aufzustellen. Schwierigkeiten ergeben sich dann, wenn die Geschäftsführung von Gesellschaftern wahrgenommen wird und diese stark von dem Interesse geleitet werden, das Unternehmen auf eine breite Liquiditätsbasis zu stellen.[99]
In diesen Fällen kann es dazu kommen, dass die geschäftsführenden Gesellschafter bestehende Bewertungsspielräume in einem zwar bilanzrechtlich zulässigen, für die Mitgesellschafter aber inakzeptablen Maße zur Lasten des Unternehmensergebnisses ausüben. Aber auch wenn Aufgaben der Geschäftsführung von einem Nichtgesellschafter wahrgenommen werden, besteht das Risiko, dass dieser bei der Aufstellung des Jahresabschlusses einseitig den Interessen einflussreicher Gesellschafter folgt, ist seine Stellung doch wirtschaftlich und formal stark von diesen abhängig. Nimmt der Geschäftsführer die ihm obliegende Aufgabe nach allen Regeln sachgerechter Bilanzierungsmethodik, neutral und nach bestem Wissen und Gewissen vor, birgt dies das Risiko, dass zumindest eine der regelmäßig vorhandenen unterschiedlichen Interessengruppen mit seinen Entscheidungen nicht einverstanden ist und seine Position in Gefahr gerät. Zu berücksichtigen ist ferner, dass der Geschäftsführer in aller Regel ein Eigeninteresse daran hat, dass das von ihm geführte Unternehmen ein möglichst hohen Gewinn ausweist, gilt doch die Bilanz des Geschäftsjahres regelmäßig als Indikator für die Qualität der Unternehmensleitung. Ist das Einkommen der Geschäftsführer zudem an die Höhe des erzielten Gewinns gekoppelt und sind dabei keine langfristigen, die Nachhaltigkeit der Unternehmensentwicklung berücksichtigenden Indikatoren in Ansatz zu bringen, liegt es nahe, dass bei den Mitgliedern des Führungsgremiums ein starkes Eigeninteresse an einem

[99] Vgl. *Hennerkes/Binz/May* 1987, S. 469, 472.

möglichst hohen Gewinn vorliegt. Daher scheint es dringend angezeigt, die Aufgabe der Aufstellung des Jahresabschlusses auf unabhängige Dritte zu verlagern, die persönlich und wirtschaftlich unabhängig und mit der erforderlichen Sachkunde handeln können.

Die **Feststellung** des Jahresabschlusses hingegen obliegt als Grundlagengeschäft bei Familienunternehmen aller Rechtsformen mit Ausnahme der AG grundsätzlich allen Gesellschaftern. Dass in Familienunternehmen die Anteilseigner über die Gewinnverwendung zu befinden haben, erscheint zwingend, erweist sich aber nur auf den ersten Blick unproblematisch. So bedarf der Beschluss zur Feststellung des Jahresabschlusses in personengesellschaftlich organisierten Familienunternehmen der Zustimmung aller Gesellschafter, muss also bei Fehlen abweichender Regelungen einstimmig erfolgen. Aufgrund der Möglichkeit der aufgezeigten Interessengegensätze werden mithin Blockadetaktiken durch einzelne Gesellschafter ermöglicht, wenn von dem Einstimmigkeitserfordernis nicht gesellschaftsvertraglich abgewichen worden ist. Zwar besteht aufgrund der gesellschafterlichen Treuepflicht eine Bindung der Anteilseigner zur Mitwirkung bei der Feststellungsentscheidung, deren Verweigerung im Extremfall durch ein auch im einstweiligen Rechtsschutz durchsetzbares Zustimmungsgebot überwunden werden kann. Gleichwohl gilt es, ein solches Szenario insbesondere wegen dessen eskalationsfördernder Wirkung zu vermeiden.

Diese Problematik stellt sich bei der GmbH nicht, da das für die Beschlussfassung grundsätzlich geltende Mehrheitserfordernis des § 47 Abs. 1 GmbHG auch insoweit einschlägig und damit eine einfache Mehrheit bei der Entscheidung ausreichend ist. Bei mitbestimmten GmbH sowie Gesellschaften mbH mit einem fakultativen Aufsichtsrat nach § 52 GmbHG sind die Bilanzierungsunterlagen vor dem Feststellungsbeschluss, für den auch hier die Gesellschafterversammlung zuständig ist, dem Aufsichtsrat zur Prüfung zuzuleiten. Diese zusätzliche Prüfungsebene ist jedoch ohne nennenswerten Einfluss, zumal das bei der Aufstellung des Jahresabschlusses ausgeübte Ermessen nur auf grobe Fehler und nicht auf seine Zweckmäßigkeit überprüft werden kann. Entsprechendes gilt, wenn im gleichen Stadium ein Abschlussprüfer beteiligt ist, wie für mittelgroße und große Gesellschaften i.S.v. § 267 Abs. 2, Abs. 3 HGB durch § 320 HGB angeordnet: Auch in diesem Fall wird nur die

Ordnungsmäßigkeit, nicht aber auch die Zweckmäßigkeit der Bilanzierung überprüft.[100]

Bei der Aktiengesellschaft ist für den Feststellungsbeschluss gem. § 172 S. 1 AktG grundsätzlich der Aufsichtsrat und damit ein vom unmittelbaren Willen der Aktionäre unabhängiges Gremium zuständig. In einigen Fällen kann jedoch eine Zuständigkeit der Hauptversammlung begründet werden, und zwar

- auf Beschluss von Vorstand und Aufsichtsrat, § 172 S. 1, 1. Fall AktG;
- bei Nichtbilligung des Jahresabschlusses durch den Aufsichtsrat gem. § 172 Abs. 2 S. 4 AktG und
- bei Fiktion der Nichtbilligung des Jahresabschlusses durch dieses Gremium, die gem. § 171 Abs. 3 S. 3 AktG dann entsteht, wenn der Aufsichtsrat die ihm gem. § 171 Abs. 2 S. 1 AktG obliegende Berichtspflicht trotz einer hierfür gesetzten Nachfrist nicht erfüllt.

Dem Aufsichtsrat kommen bei der Aktiengesellschaft also weitreichende Möglichkeiten zu, die Feststellung des Jahresabschlusses auf das Eigentümergremium zu verlagern. Unter Aspekten der Konfliktvermeidung ist die gesetzliche Ausgangslage der Zuständigkeit des Aufsichtsrates als formal unabhängiges Gremium jedoch gegenüber einer Kompetenz der Anteilseigner vorzugswürdig.

Umstritten ist, ob bei Kapitalgesellschaften ein über die Interessen einzelner Beteiligter hinausgehendes, vom Willen Anteilseigner unabhängiges und nicht von diesen zu beeinflussendes **Unternehmensinteresse** als Korrektiv möglicher überzogener Dividendeninteressen zu beachten ist. Unter dem Unternehmensinteresse im Sinne des Aktienrechts sind eine Vielzahl von Interessen zusammengefasst, und zwar neben dem Interesse der Aktionäre jenes der Gesellschaft an der erfolgreichen Behauptung im Wirtschaftsgeschehen Gläubiger- und Arbeitnehmerinteressen sowie das Interesse der Öffentlichkeit an dem Unternehmen als „good corporate citizen", also an verantwortungsbewusstem Handeln des Unternehmens beispielsweise durch

[100] Vgl. *Hennerkes/Binz/May* 1988, S. 2761, 2764.

Engagement für die Zivilgesellschaft oder für soziale oder ökologische Belange.[101] Von diesen einzelnen Faktoren wird das Unternehmensinteresse jedoch nicht beeinflusst; vielmehr bilden die genannten Bestandteile auf einer Art Metaebene ein einzig die normativen Ziele des Unternehmens berücksichtigendes Regulativ. Seinen Niederschlag gefunden hat das Unternehmensinteresse im Deutschen Corporate Governance-Kodex, der für die Vorstands- und Aufsichtsratsmitglieder börsennotierter Aktiengesellschaften einen Maßstab bildet. Im Ergebnis besteht jedoch kein Bedürfnis, eine solche Meta-Interessenebene im Zuge der Ergebnisverwendung zu berücksichtigen. Sämtliche der beteiligten Einzelinteressen sind durch gesetzliche Normierung oder allgemeine Rechtsgrundsätze bereits derart ausgeprägt zu berücksichtigen, dass ein zusätzliches Korrektiv nicht nur die Eigentümerinteressen über Gebühr beschneiden würde, sondern dass aufgrund des abschließenden Charakters der ohnehin zu beachtenden Faktoren kein Raum verbleibt.

4.3.1.3 Konfliktvermeidung durch Gesellschaftsvertrag

Durch gesellschaftsvertragliche Regelung können grundsätzliche Vorgaben für die Ausfüllung von Ermessensspielräumen bei der Aufstellung des Jahresabschlusses niedergelegt werden. Dabei kann generell ein bestimmter Schwerpunkt gesetzt, etwa das Gebot niedergelegt werden, dass schon bei der Aufstellung des Jahresabschlusses besonders darauf zu achten ist, dass zur Sicherung der Vermögensverhältnisse der Gesellschaft umfangreichere Reserven zu bilden sind. Eine solche Regelung ist unter dem Gesichtspunkt einer Richtungsangabe sinnvoll, da ein allgemeiner Vorrang von Thesaurierungsinteressen der Gesellschaft nicht besteht. Alternativ ließe sich festlegen, dass der Schwerpunkt bei der Erstellung des Jahresabschlusses anhand dynamischer Kriterien wie der aktuellen Geschäfts- und Liquiditätslage, der prognostizierten Entwicklung des Unternehmensumfeldes und/oder dem Umfang der für das kommende Geschäftsjahr beabsichtigten Investitionen gewählt werden kann. So ließe sich beispielsweise festlegen, dass insbesondere bei Unterschreiten bestimmter Schwellenwerte in jedem Fall konservativ und auf Vermögenserhalt ausgerichtet zu bilanzieren ist. Jedoch ist zu berücksichtigen, dass alle derartigen Vorga-

[101] Vgl. *Wollburg* 2004, S. 646, 647.

ben zwangsläufig keinen hohen Grad an Detailtreue gewinnen können und dies zur Ermöglichung sachgerechter Reaktionen auf unvorhersehbare Ereignisse auch nicht erwünscht sein kann.

4.3.1.4 Konfliktvermeidung durch Beteiligung Dritter

Eine Zuweisung der Zuständigkeit für die Aufstellung des Jahresabschlusses an andere Personen als die Geschäftsführer kann insoweit konfliktvermeidend wirken, als das geschäftsführende Organ regelmäßig dem Willen der Mehrheit der Anteilseigner unterworfen ist. Diese Kompetenzzuweisung ist insoweit problematisch, als damit die Interessen einer Gesellschafterminderheit bei der Aufstellung des Jahresabschlusses möglicherweise nicht hinreichend berücksichtigt werden. Auch ist das zuständige Organ wirtschaftlich von den Gesellschaftern abhängig. Damit besteht die Gefahr, dass die Geschäftsführung auf die jeweiligen Interessen der einflussreichsten Gruppe von Familiengesellschaftern zu starke Rücksicht nimmt. Zudem ist diese Zuweisung, wie ausgeführt, auch insoweit problematisch, als die Leistung eines Geschäftsführers wesentlich anhand des ausgewiesenen Unternehmensergebnisses bewertet wird. Auch vor dem Hintergrund, dass die Vergütung der Geschäftsführer mitunter zumindest teilweise gewinnabhängig erfolgt, besteht seitens der operativen Leitung ein starkes Eigeninteresse an der Ermittlung eines möglichst hohen Gewinns, während andere auf die langfristige Sicherung des Unternehmens abzielende Aspekte unter Umständen das Gegenteil nahe legen können. Aufgrund dieser potentiellen Gemengelage widerstreitender Interessen erscheint eine Verlagerung der Zuständigkeit für die Aufstellung des Jahresabschlusses geboten.

Die Aufstellung des Jahresabschlusses als Geschäftsführungsmaßnahme kann bei Familienunternehmen aller Rechtsformen – bei Personengesellschaften unter Beachtung der bezeichneten Einschränkungen – auf Dritte übertragen werden. Damit ist die maßgebliche Beteiligung eines Bilanzausschusses oder eines anderen, nicht unmittelbar dem Willen der Familiengesellschafter unterworfenen und wirtschaftlich von diesem unabhängigen Gremium möglich. Zu beachten ist jedoch, dass die Letztverantwortung für die Aufstellung des Jahresabschlusses in jedem Fall zwingend bei den Geschäftsführern verbleibt.

Eine Übertragung der *Fest*stellungskompetenz auf ein unabhängiges, nicht ausschließlich mit Gesellschaftern besetztes Gremium ist bei Personengesellschaften wegen des Charakters des Feststellungsbeschlusses als Grundlagengeschäft nicht möglich.[102] Zulässig ist jedoch die Einräumung eines Vorschlagsrechts zugunsten eines externen Gremiums. Weiter kann einer solchen Einheit die Befugnis übertragen werden, Empfehlungen auszusprechen. Es ist sogar möglich, in einer Pattsituation unter den Gesellschaftern bei dem Feststellungsbeschluss hinsichtlich des Jahresabschlusses diejenigen Stimmen als übergewichtig zu zählen, die das Votum des Gremiums auf ihrer Seite wissen.[103] In der GmbH kann die Zuständigkeit für die Feststellung des Jahresabschlusses durch Gesellschaftsvertrag auf andere Organe der Gesellschaft übertragen werden, wofür insbesondere ein Gesellschafter- oder Bilanzausschuss in Betracht kommt. Die Zulässigkeit der Übertragung der Feststellungskompetenz auf einen externen, d.h. ausschließlich mit Nichtgesellschaftern besetzten Beirat hängt von der Art seiner Errichtung ab. Ist der Beirat im Gesellschaftsvertrag vorgesehen und damit ein Organ der Gesellschaft, ist eine Verlagerung der Feststellungskompetenz ohne Bedenken möglich.[104] Anders verhält es sich bei einem obligatorischen, d.h. auf rein schuldrechtlicher Basis errichteten, Beirat. Ein solches Gremium ist nicht Organ der Gesellschaft und damit einem außenstehenden Dritten gleichzusetzen, auf den eine solche Zuweisung unzulässig ist.

Eine Übertragung der Feststellungskompetenz auf einen organschaftlichen Beirat, der den aufgestellten Jahresabschluss ggf. unter Zuhilfenahme weiteren externen Fachwissens auf seine Recht- und Zweckmäßigkeit überprüfen und dabei insbesondere die Richtigkeit und Angemessenheit der ausgewiesenen Gewinne oder Verluste kritisch zu würdigen hat, erscheint hingegen sinnvoll. Für die Gesellschafter ergibt sich insoweit nicht das Risiko eines übergroßen Machtverlusts, als sie den Feststellungsbeschluss mit grundsätzlich einfacher Mehrheit anfechten kann. Ist eine Beteiligung dieses Gremiums nicht gewünscht oder soll nicht ausschließlich dieses Gremium bei der Bilanzierung tätig werden, empfiehlt sich die Schaffung eines zusätzlichen Bilanzausschusses, bestehend aus Geschäftsführern und einer Auswahl an Gesellschaftern, um das gesetzlich vorgesehene Zusammenwirken der genannten

[102] Vgl. *Hoffmann* in Müller/Hense 2002, § 5 Rn. 192.
[103] Vgl. *K. Schmidt* 2002, S. 606.
[104] Vgl. *Lange* 2006, S. 897, 901.

Organe zu vereinfachen und gerade bei Familienunternehmen mit großem Gesellschafterkreis Reibungsverluste durch die Beteiligung des Eignerkreises zu minimieren.

Bei der Aktiengesellschaft kann die Feststellung des Jahresabschlusses aufgrund des zwingenden Charakters von § 172 AktG nicht auf andere Organe oder Dritte verlagert werden. Damit verbleibt die Feststellungzuständigkeit beim Aufsichtsrat, einem immerhin formell weitgehend unabhängigem Gremium. Zudem verbleibt den Anteilseignern gem. § 254 AktG ein besonderes Anfechtungsrecht und aus § 258 AktG die Möglichkeit, bei Bewertungsabweichungen Sonderprüfer zu bestellen.

4.3.1.5 Zusammenfassung

Damit besteht sowohl bei Personen- als auch bei Kapitalgesellschaften die Möglichkeit, die Kompetenz zur Aufstellung des Jahresabschlusses auf ein nicht dem unmittelbaren Einfluss der Gesellschafter unterworfenes und von diesen zwar finanziertes, aber wirtschaftlich nicht abhängiges Gremium zu übertragen. In Betracht kommt hier vornehmlich ein Bilanzausschuss, der sich aus externen Sachverständigen rekrutiert. Besteht ein mit ausreichender Sachkunde ausgestatteter Beirat, kann auch diesem die Aufgabe der Aufstellung des Jahresabschlusses übertragen werden. Jedoch sollte dem Beirat die Wahrnehmung von mit dieser Tätigkeit nicht kompatiblen Aufgaben vorbehalten bleiben.

Die Entscheidung über die Feststellung des Jahresabschlusses kann bei Personengesellschaften nur von Gesellschaftern, bei Aktiengesellschaften nur vom Aufsichtsrat und bei Gesellschaften mbH nur von deren Organen getroffen werden. Damit ergibt sich wenig Raum für abweichende Kompetenzzuweisungen. Zur Vermeidung der Entstehung von Konflikten erscheint es angezeigt, bereits vor der konkreten Feststellungsentscheidung abstrakt-generelle Kriterien festzulegen, anhand derer verbleibende Ermessensspielräume auszufüllen sind. Ein solcher Richtlinienkatalog muss jedoch Spielraum für Reaktionen auf unvorhergesehene Ereignisse belassen, um dem Unternehmen nicht durch zu starre Vorgaben die Möglichkeit zu sachgerechten Anpassungen zu nehmen.

4.3.2 Gewinnverwendung

4.3.2.1 Interessenlage

Nach der Feststellung des Jahresabschlusses ist auf nächster Stufe über die Verwendung des erzielten Gewinns zu entscheiden. Dabei sind im wesentlichen zwei Möglichkeiten zu unterscheiden: Einerseits die Thesaurierung, mithin der Verbleib des Überschusses in der Gesellschaft zur Nutzung für das Unternehmen, andererseits die Ausschüttung des Gewinns, somit die Verteilung an die Anteilseigner zu privaten Zwecken.

An dieser Stelle kommt die bereits bei der Gewinnermittlung konfliktträchtige Fragestellung zum Tragen: Vielfach bestehen unterschiedliche Interessen hinsichtlich der Verwendung des Unternehmensgewinns. Bei Gesellschaftern, die dem Unternehmen beispielsweise durch langjährige Anteilseignerschaft, aktive Beteiligung an der Geschäftsführung, Trägerschaft des Namens des Unternehmens oder anders hervorgerufene Verbundenheit sehr nahe stehen, herrscht regelmäßig das Interesse vor, erzielte Gewinne in möglichst großem Umfang der Gesellschaft für operative oder strategische Zwecke zur Verfügung zu stellen, um das Familienunternehmen auf eine gesunde Liquiditätsbasis gestellt und seinen Bestand für die Zukunft gesichert zu sehen.[105] Andere Anteilseigner hingegen, die regelmäßig nicht in dem Unternehmen tätig sind, oftmals etwas weitläufiger mit dem Kern der Unternehmerfamilie verwandt sind und infolgedessen der Gesellschaft weniger nahe stehen, neigen eher dazu, ihre Beteiligung an dem Unternehmen als reines Investment zu betrachten, das eine angemessene Dividende zu erbringen habe, und sind daher an möglichst umfangreichen Ausschüttungen interessiert. Ein besonderer Aspekt kommt bei den Gesellschaftern von Familienunternehmen in den Rechtsformen von Personengesellschaften hinzu: Anders als bei Kapitalgesellschaften ist das Steuersubjekt hier nicht die Gesellschaft, sondern der einzelne Gesellschafter. Infolgedessen werden die anfallenden Gewinne nicht bei der Gesellschaft besteuert, sondern bei jedem einzelnen Gesellschafter, und zwar unabhängig davon, ober der Gewinn überhaupt

[105] Vgl. *Wälzholz* in Sudhoff 2005-1, § 11 Rn. 112.

ausgeschüttet worden oder in der Gesellschaft verblieben ist.[106] Damit ist die Konstellation möglich, dass ein Familiengesellschafter den anteiligen Unternehmensgewinn voll versteuern muss, obwohl dieser in vollem Umfang in der Gesellschaft verblieben ist, er also ein Minus aus seiner Beteiligung hinnehmen muss. Vor diesem Hintergrund besteht bei Anteilseignern einer Familienpersonengesellschaft oftmals ein besonderes Ausschüttungsinteresse. Dieser Interessengegensatz ist dazu geeignet, beträchtliche Streitigkeiten unter den Anteilseignern eines Familienunternehmens auszulösen.

4.3.2.2 Problemlage

Der Beschluss über die Verwendung des Unternehmensgewinns wird in Personengesellschaften grundsätzlich einstimmig getroffen. Infolge der regelmäßig bestehenden divergierenden Interessen zwischen thesaurierungs- und ausschüttungswilligen Familiengesellschaftern besteht damit ein massives Risiko, dass der Gewinnverwendungsbeschluss von nicht mit ihm einverstandenen Gesellschaftern blockiert wird. Zwar besteht aufgrund der gesellschafterlichen Treuepflicht die Verpflichtung, bei der Gewinnverwendung die Dividendeninteressen der Gesellschafter und das Thesaurierungsinteresse der Gesellschaft gegeneinander abzuwägen und ein vermittelnde Lösung zu finden. Jedoch können unterschiedliche Auffassungen über die Ordnungsmäßigkeit der Abwägung dazu führen, dass wechselseitig Abwägungsfehler unterstellt werden und eine anderweitige Beschlussfassung unter Verweis auf die Treuepflicht gefordert wird. Da eine gerichtliche Klärung einer solchen Streitfrage zu vermeiden ist, erscheint das Erfordernis einer einstimmigen Beschlussfassung über die Gewinnverwendung abänderungswürdig. Hinzu kommt, dass die beteiligten Gesellschafter vielfach nicht zu einer hinreichend neutralen, sachlichen und distanzierten Entscheidung in der Lage sind, da ihnen oftmals ausreichende Fachkenntnisse fehlen. Vor diesem Hintergrund erscheint es vorteilhaft, den Gewinnverwendungsbeschluss von anderer Stelle als durch die Gesellschafter treffen zu lassen und überdies einen Katalog formaler Kriterien aufzustellen, die dem Gewinnverwendungsbeschluss als Maßstab dienen.

[106] Vgl. GrS BFH, Beschluss vom 10.11.1980 – GrS 1/79, BStBl II 1981, S. 164.

In Kapitalgesellschaften verhält es sich hinsichtlich der Ausgangslage identisch. Der Beschluss über die Verwendung des Bilanzgewinns wird auch bei Familienunternehmen kapitalgesellschaftlicher Rechtsformen durch die Anteilseigner getroffen, namentlich bei der GmbH durch die Gesellschafterversammlung und bei der Aktiengesellschaft durch die Hauptversammlung. Zu beachten ist, dass das Gesetz für Kapitalgesellschaften – auf den ersten Blick missverständlich – keineswegs von einem Anspruch auf Vollausschüttung des Bilanzgewinns ausgeht. Die in § 29 Abs. 1 S. 1 GmbHG bzw. § 58 Abs. 4 AktG niedergelegten Vorschriften sehen vielmehr nur einen grundsätzlichen Ausschüttungsanspruch vor, der ausdrücklich auf nicht anderweitig benötigte Mittel beschränkt ist. Insoweit ist auch hier die Niederlegung von Angemessenheitskriterien und die Beteiligung neutraler Dritter wünschenswert.

4.3.2.3 Konfliktvermeidung durch Gesellschaftsvertrag

In Personengesellschaften kann die Beschlussfassung über die Verwendung des Gewinns nach den gleichen Maßstäben wie bei der Feststellung des Jahresabschlusses durch im Gesellschaftsvertrag festzuschreibenden Mehrheitsbeschluss erfolgen. Allerdings sind unter dem Gesichtspunkt des Minderheitenschutzes gewisse Restriktionen zu beachten. Da bei Personengesellschaften der im Jahresabschluss ausgewiesene Gewinn mit Abschluss des Wirtschaftsjahres unabhängig von seiner tatsächlichen Ausschüttung der Einkommensbesteuerung der Gesellschafter unterliegt, könnte also eine Gesellschaftermehrheit grundsätzlich dafür sorgen, dass anderen Gesellschaftern nicht nur kein Anteil an dem erzielten Gewinn zufließt, sondern sie infolge ihrer Einkommenssteuerpflicht einen Minussaldo in ihrem Vermögen hinzunehmen haben. Dieses Vorgehen könnte verwendet werden, um einzelne Gesellschafter durch „Aushungern“ zur Veräußerung ihrer Anteile zu zwingen.[107]

Inwieweit eine solche Vollthesaurierung des Gewinns bei Personengesellschaften überhaupt zulässig ist, ist umstritten. Nach der im Zweifel maßgeblichen derzeitigen Auffassung des BGH sind die Gesellschafter keineswegs per se zur Entnahme der

[107] Vgl. *Wälzholz* in Sudhoff 2005-1, § 11 Rn. 112.

auf den jeweiligen Gewinnanteil entfallenen Einkommenssteuer berechtigt.[108] Ein solches Recht müsse gesellschaftsvertraglich vereinbart sein.[109] Ist eine solche Regelung nicht getroffen worden, müsse im Einzelfall über einen solchen Entnahmeanspruch entschieden werden.

So sehr diese Auffassung auch anzuzweifeln ist, derzufolge dem Tatrichter im Einzelfall überlassen bleiben soll, über die Reichweite der Treuepflicht sowie die Benachteiligung einzelner Gesellschafter durch überzogene Thesaurierungswünsche der Gesellschaftermehrheit zu befinden, so deutlich ist jedoch die Kraft der Fakten, die diese Rechtsprechung geschaffen hat. Zwar ist es möglich, dass sich die Judikatur in Zukunft ändern wird, da es sehr zweifelhaft erscheint, ob es für einen Gesellschafter zumutbar sein soll, aus einer an sich gewinnbringenden Beteiligung durch Vollthesaurierung ein Negativsaldo hinzunehmen. Vor dem Hintergrund des status quo erscheint es jedoch dringend geboten, im Gesellschaftsvertrag ein Entnahmerecht hinsichtlich des jeweiligen Einkommensteuerbetrages niederzulegen. Überdies sollten unbedingt Mindestquoten für Thesaurierung bzw. Ausschüttung festgelegt werden, die dynamisch anhand im vorhinein abstrakt bestimmter Kriterien wie der Liquiditätslage der Gesellschaft, der aktuellen und der mittelfristig prognostizierten Geschäftsentwicklung und einem anstehenden notwendigen oder angemessenen zusätzlichen Liquiditätsbedarf für beabsichtigte Investitionen bestimmbar sein sollten.

Auch für Familiengesellschaften in den Rechtsformen von Kapitalgesellschaften erscheint die Niederlegung solcher Kriterien für die Verwendung des festgestellten Bilanzgewinns sinnvoll und ratsam. Die Notwendigkeit der Festlegung einer Mindestausschüttungsquote in Höhe eines Steuerbetrages ergibt sich hier nicht, da eine Besteuerung bei dem Gesellschafter nur auf tatsächlich ausgeschüttete Gewinne erfolgt. Auch stellen § 29 Abs. 1 S. 1 GmbHG und § 58 Abs. 4 AktG klar, dass infolge der Pflicht zur Kapitalerhaltung eine Vollausschüttung der Gewinne nur in Höhe des nach der Thesaurierung notwendiger Mittel verbleibenden Betrages zulässig ist. Insoweit ergibt sich eine notwendige systematische Abhängigkeit von dem Beschluss zur Feststellung des Jahresabschlusses. Gleichwohl sollte die Satzung auch insoweit

[108] Vgl. BGH, Urteil vom 29.03.1996 – II ZR 263/94, BGHZ 132, S. 263, 277.
[109] Vgl. In diesem Sinne schon BGH, Urteil vom 26.03.1990 – II ZR 123/89, ZIP 1990, S. 1327, 1328.

eine Klarstellung zu Quoten über eine Mindestthesaurierung bzw. Mindestausschüttung erzielter Gewinne enthalten.

4.3.2.4 Konfliktvermeidung durch Beteiligung Dritter

In Personengesellschaften kann der Gewinnverwendungsbeschluss nicht auf außenstehende Dritte übertragen werden.[110] Gleichwohl bestehen Möglichkeiten, zur Vermeidung von Konflikten Dritte einzubinden. Kommt es zu Uneinigkeiten über die Frage der Höhe des auszuschüttenden Gewinns, sollte durch Vereinbarung im Gesellschaftsvertrag ein Gremium zur Streitschlichtung eingerichtet werden. Ein solches Gremium kann den Jahresabschluss auf Recht- und Zweckmäßigkeit, insbesondere die Übereinstimmung mit gesetzlichen und gesellschaftsvertraglichen Regelungen, sowie die Angemessenheit des zur Ausschüttung vorgesehenen Gewinns vor dem Hintergrund der widerstreitenden Interessen überprüfen und sodann Empfehlungen aussprechen.

Bei Familienunternehmen in der Rechtsform der GmbH besteht die Möglichkeit, die Kompetenz zur Beschlussfassung über die Verwendung des Bilanzgewinns vollständig von der Gesellschafterversammlung auf einen – organschaftlichen – Beirat zu übertragen. Eine solche Verlagerung würde dem Postulat nach Neutralität, Sachlichkeit und Unabhängigkeit im Interesse der Konfliktvermeidung im Gesellschafterkreis entsprechen, wenn und soweit die Beiratsmitglieder die entsprechenden Voraussetzungen erfüllen. Auch die Einräumung von Zustimmungspflichten, Einspruchs- oder Empfehlungsrechten zugunsten eines Beirats ist unzweifelhaft zulässig. Ist die Externalisierung der eigentlichen Beschlussfassung nicht gewünscht, so lässt sich auf diesem Wege ein bestimmtes Maß an Neutralität und Sachgerechtigkeit in die Entscheidungsfindung einbringen.
Bei der Aktiengesellschaft sind die Zuständigkeitsvorschriften hinsichtlich des Gewinnverwendungsbeschlusses nicht abänderbar.[111] Eine Konflikte neutralisierende Wirkung kann sich jedoch bereits aufgrund der gesetzlichen Grundgestaltung erge-

[110] Vgl. *Stengel* in Müller/Hense 2002, § 3 Rn. 421.
[111] Vgl. *Henn* 2002, Rn. 1055.

ben, derzufolge dem Gewinnverwendungsbeschluss der Hauptversammlung ein Vorschlag von Vorstand und Aufsichtsrat vorausgehen muss. Die Hauptversammlung kann diesen zwar abändern, allerdings besteht eine gewisse Hemmschwelle, einen als nicht völlig irrational und unannehmbar erkannten und nur den eigenen Interessen nicht ausreichend nachkommenden Beschlussvorschlag zurückzuweisen.

4.3.2.5 Zusammenfassung

Bei Familienunternehmen besteht wie bei allen personalistisch geprägten Gesellschaften die Gefahr des Ausbruchs von Konflikten unter den Gesellschaftern, wenn über die Frage der Verwendung des Unternehmensgewinns keine Einigkeit erzielt werden kann. Regelmäßig streitet das Interesse an einer Thesaurierung der Gewinne zur Sicherung der Zukunftsfähigkeit der Gesellschaft gegen das Interesse an einer Ausschüttung von Dividenden. Ist das Familienunternehmen in Rechtsform einer Personengesellschaft organisiert, können an der Gesellschaft nicht beteiligte Dritte wie beispielsweise ein Beirat oder ein Bilanzausschuss zwar Empfehlungen zur Gewinnverwendung geben. Auch kann zu ihren Gunsten ein Zustimmungsvorbehalt aufgestellt werden. Nicht möglich ist es jedoch, die Zuständigkeit zur Fassung des Gewinnverwendungsbeschlusses vollständig Gesellschaftsfremden zu übertragen. Allerdings kann geregelt werden, dass der Beschluss mit einfacher Mehrheit der Stimmen zu fassen ist. Inhaltlich muss nach vorzugswürdiger Auffassung jedenfalls der Betrag, den die Gesellschafter auf den ihnen rechnerisch zufallenden Gewinnanteil an Einkommenssteuer abzuführen haben, ausgeschüttet werden. Diese Konfliktlage ist in Familienunternehmen aufgrund der engen Bindung zwischen Familie und Unternehmen jedoch mit weitaus größere Risiken behaftet als in personalistisch geprägten Nichtfamilienunternehmen.

4.3.3 Gewinnverteilung

4.3.3.1 Interessenlage

Im Anschluss an die Beschlussfassung darüber, welcher Anteil des erzielten Unternehmensergebnisses ausgeschüttet wird, stellt sich die Frage, wie der auszuschüttende Gewinnanteil unter den Gesellschaftern aufzuteilen ist. Die Interessen der Gesellschafter zielen dabei selbstverständlich auf eine „gerechte" Verteilung ab. Schwierigkeiten ergeben sich jedoch sehr regelmäßig an einem unterschiedlichen Verständnis des Gerechtigkeitsbegriffs.

4.3.3.2 Problemlage

Für Personengesellschaften in der Rechtsform der GbR und der OHG geht der Gesetzgeber von einer Aufteilung des Unternehmensgewinns unter den Gesellschaftern nach Kopfteilen aus. Eine derartige Gestaltung kann jedoch nur dann friedenserhaltend wirken, wenn alle Gesellschaftsanteile identische Größen aufweisen. Vielfach ist dies jedenfalls dann nicht mehr der Fall, wenn beispielsweise ein Gesellschafter von einem einzigen Nachkommen beerbt wird, ein anderer hingegen von mehreren. In derartigen Fällen gerät die Gerechtigkeit der Gewinnverteilung nach Kopfteilen an ihre Grenze. Bei der KG hingegen ist die Ausgangslage nur teilweise identisch. Hier steht jedem Gesellschafter, wie auch bei der OHG, eine Vorabausschüttung in Höhe von 4 % seines Kapitalanteils zu. Ein darüber hinausgehender Gewinn ist jedoch gem. § 168 Abs. 2 HGB nicht nach Kopfteilen, sondern in einem nach den Umständen angemessenen Verhältnis zu verteilen. *Angemessenheit* bedeutet hier „unter Berücksichtigung aller in Betracht kommender Umstände einschließlich der persönlichen Umstände der Gesellschafter"[112]. Zu berücksichtigen sind hierbei die persönliche Haftung der Komplementäre, ggf. eine Tätigkeit als Geschäftsführer, Wettbewerbsverbote sowie sonstiger persönlicher Einsatz. Die Ausübung von Geschäftsführertätigkeiten sowie sämtliche anderen Leistungen für die Gesellschaft sollten ohne-

[112] Vgl. BGH, Urteil vom 22.03.1956 – II ZR 200/54, WM 1956, S. 1062, 1064.

hin, wenn nicht von allen Gesellschaftern gleichmäßig erbracht, separat vergütet werden. Jedoch ist auch bei diesem Verteilungsschlüssel zu berücksichtigen, dass die genannten Kriterien nicht zwingend zu gerechten Ergebnissen führen müssen. Kommt es zu einem ungerechten Ergebnis, können sich an diesem rasch Konflikte entzünden.

In Gesellschaften mbH sowie in Aktiengesellschaften wird der auszuschüttende Bilanzgewinn nach dem Verhältnis der Größe der Kapitalanteile bestimmt. Als problematisch kann sich dieser grundsätzlich gerecht erscheinende Verteilungsschlüssel lediglich dann erweisen, wenn die Gesellschafter unterschiedliche Beiträge für die Gesellschaft leisten. Damit sind nicht Geschäftsführer- bzw. Vorstands- oder Angestelltentätigkeiten gemeint; diese sollten auch hier grundsätzlich unabhängig von Dividendenzahlungen vergütet werden. Aber auch darüber hinaus sind Unterschiede in der persönlichen Leistungsbilanz denkbar, wie beispielsweise durch unterschiedliche Akquiseleistungen. Entsprechender Einsatz sollte jedoch, sofern überhaupt vorgesehen, zur Beibehaltung der Vergleichbarkeit ebenfalls unabhängig von Gewinnbezügen entlohnt werden.

4.3.3.3 Konfliktvermeidung durch Gesellschaftsvertrag

Bei Unternehmen aller Gesellschaftsformen kann gesellschaftsvertraglich von den gesetzlichen Verteilungsschlüsseln zur Gewinnverteilung abgewichen werden. In Kapitalgesellschaften besteht hierfür ein geringeres Bedürfnis, wird doch das Verhältnis der Kapitalanteile als Verteilungsschlüssel herangezogen. In Familienunternehmen personengesellschaftlicher Rechtsformen empfiehlt es sich, ebenfalls die Höhe der Beteiligungen zugrunde zu legen. Darüber hinausgehende Faktoren, wie beispielsweise eine besondere Rolle bei der Kapitalbeschaffung o. ä., sollten vollständig dividendenunabhängig vergütet werden.

4.3.3.4 Konfliktvermeidung durch Beteiligung Dritter

Aufgrund der Eindeutigkeit des hier vorgeschlagenen Verteilungsschlüssels besteht für die Beteiligung Dritter zur Konfliktvermeidung eine geringe Notwendigkeit. Einem Beirat oder vergleichbarem Gremium von Nichtgesellschaftern kann jedoch durch die Kompetenz zur Aussprache von Empfehlungen eine Überwachungsfunktion hinsichtlich der Einhaltung der intern aufgestellten Kriterien sowie die Wahrnehmung einer darüber hinausgehenden Angemessenheitskontrolle übertragen werden.

4.3.3.5 Zusammenfassung

Zusammenfassend ist festzuhalten, dass die Gewinnverteilung unter den Gesellschaftern bzw. Aktionären ausschließlich nach dem Verhältnis der Beteiligungsgröße erfolgen sollte. Bei Kapitalgesellschaften entspricht dies der gesetzlichen Ausgangslage, so dass kein Regelungsbedarf besteht. Bei Personengesellschaften ist eine entsprechende vertragliche Regelung zulässig und im Interesse der Konfliktvermeidung bzw. –eindämmung anempfohlen. Die Vergütung jeglicher über die Kapitalbeteiligung hinausgehender Beiträge sollte zur Aufrechterhaltung der Transparenz der Gewinnverteilung von dieser unabhängig erfolgen.

4.3.4 Sonderproblem: Vorteilsgewährung an Angehörige

In diesem Zusammenhang ist ein weiteres Problemfeld zu thematisieren, das in Familienunternehmen aller Rechtsformen für Zündstoff sorgen kann: die Einräumung materieller Vorteile zugunsten einzelner Familienangehöriger. So kommt es vor, dass auch nichttätigen Gesellschaftern oder Angehörigen von Gesellschaftern besondere Vergünstigungen eingeräumt werden, die nicht der Vergütung von Leistungen für das Familienunternehmen dienen. Hierzu kann beispielsweise die Überlassung eines Geschäftswagens oder der kostenfreie Zugang zu einer unternehmenseigenen Tankstelle an Ehefrau oder Kinder eines Gesellschafters zählen. Die Einräumung derartiger Vergünstigungen sollte unbedingt unterbleiben, wenn uns soweit der materielle Vorteil nicht ausgeglichen wird. Führt die Vorteilsgewährung zu einer wirtschaftlichen

Belastung des Familienunternehmens, bietet dies – auch wenn der wirtschaftliche Nachteil ohne nennenswerte Auswirkungen auf die Gesellschaft ist – regelmäßig einen Anlass für Konflikte innerhalb des Gesellschafterkreises. Auch die gleichmäßige Begünstigung des vorab definierten Personenkreises vermag zu keiner Reduzierung des Konfliktpotentials zu führen, da eine gleichmäßige und infolge dessen gerechte Vorteilsgewährung nicht sichergestellt werden kann: Ist beispielsweise vereinbart, dass alle Kinder der Gesellschafter unter Festlegung der Vertragskonditionen einen Geschäftswagen auf Kosten der Familiengesellschaft beanspruchen können, kommt es spätestens dann zu Ungleichheiten, wenn die Kinderzahl der einzelnen Gesellschafter nicht völlig identisch ist. Auch wenn sich hieraus wirtschaftlich nur geringfügige Ungerechtigkeiten ergeben, die unter gewöhnlichen Umständen kaum der Rede wert sein dürften, so ist doch nicht zu unterschätzen, dass gerade in diesem Bereich schon geringfügigste Ungleichbehandlungen einen Anlass für den Ausbruch von Auseinandersetzungen bieten können.

Umgekehrt können Gründe bestehen, die eine solche disquotale Begünstigung rechtfertigen. Leisten etwa verschiedene nicht in dem Unternehmen tätige Gesellschafter unterschiedlich große Beiträge zur Zusammenarbeit in Gesellschafterversammlung oder sonstigen Gremien, kann dies eine wirtschaftliche Besserstellung aus Mitteln der Gesellschaft rechtfertigen. Sind hierfür jedoch keine dezidierten aufwandsabhängigen Regelungen geschaffen, tritt Konfliktpotential zutage.

4.3.5 Zusammenfassung

Im Ergebnis ist festzuhalten, dass im Zusammenhang mit dem Unternehmensergebnis stehende Fragen beträchtliches Konfliktpotential bieten, welches durch die Aufstellung abstrakter Kriterien für die Gewinnverwendung sowie die Einbindung neutraler Dritter insbesondere bei der Ermittlung des Unternehmensergebnisses beträchtlich reduziert werden kann. Bereits auf der Ebene der Aufstellung und Feststellung des Jahresabschlusses kann durch die Niederlegung abstrakter Richtlinien bzw. – soweit zulässig – durch die Einbindung Dritter in die Bilanzierungsentscheidungen die Gefahr von Interessenkollision verringert werden. Die gleichen Instrumentarien bieten sich auch im Rahmen der Beschlussfassung über die Gewinnverwendung an. Insbesondere im vorhinein abstrakt festgelegte, für die Umstände des Einzelfalls offene Rahmenwerte über das Verhältnis von Thesaurierung und Ausschüttung können den Raum für Auseinandersetzungen in der konkreten Entscheidungssituation beschränken. Die Gewinnverteilung schließlich sollte bei Familienunternehmen aller Rechtsformen in Abhängigkeit von der Größe der jeweiligen Beteiligung ausgestaltet werden, wenn nicht besondere Umstände des Einzelfalls ausnahmsweise eine abweichende Regelung rechtfertigen. Bei Beachtung dieser Erwägungen kann die Gefahr des Ausbruchs von Auseinandersetzungen an dem konfliktträchtigen Bereich der Ergebnisverwendung spürbar reduziert werden.

4.4 Stimmverhältnisse

Auch der Aspekt der Aufteilung der Stimmrechte unter den Gesellschaftern eines Familienunternehmens kann Schwierigkeiten mit sich bringen, die den Ausbruch von Konflikten innerhalb des Gesellschafterkreises auslösen oder begünstigen können. So können Konflikte dadurch entstehen, dass einzelne Familiengesellschafter nicht in dem Maße an der Beschlussfassung beteiligt werden, das ihrer – empfundenen oder tatsächlichen – Bedeutung für das Unternehmen entspricht. Ob die persönliche Einschätzung eines Gesellschafters, für das Familienunternehmen von so herausgehobener Bedeutung zu sein, dass ein überproportional großer Stimmrechtsanteil gerechtfertigt ist, berücksichtigt werden mag, ist kritisch zu sehen, lässt sich aber nicht verallgemeinern. Bei einer auch objektiv prominenten Bedeutung eines einzelnen Familiengesellschafters für das Unternehmen liegt eine entsprechende Mehrung des Einflusses weitaus weniger fern. Eine solche Stellung kann sich insbesondere aus der herausgehobenen Mitwirkung in der Geschäftsführung, aus herausragender fachlicher Qualifikation, hervorstechenden Kenntnissen des Unternehmens und dessen geschäftlichen Umfeldes, besonders guten Kontakten zur Lieferanten, Abnehmern und externen Entscheidungsträgern sowie einzelfallspezifisch weiteren Faktoren ergeben. Unter Umständen kann in diesen Fällen die Einräumung überproportionaler Stimmrechte zweckdienlich sein, umgekehrt aber auch Konflikte auslösen.

Gleiches gilt für – gemessen an dem Umfang der gehaltenen Anteile – proportional verhältnismäßige Stimmrechte zugunsten solcher Gesellschafter, die weder objektiv mit dem Unternehmen sowie seinem wirtschaftlichen Umfeld vertraut sind noch nennenswertes Interesse hieran zeigen. Sind solche schlecht informierten und desinteressierten Gesellschafter in der Lage, auf das Unternehmen in gleicher Weise Einfluss auszuüben wie andere bestens informierte und stark engagierte Gesellschafter, kann auch dies zu Unmut im Eignergremium führen.

In diesem Zusammenhang ist zunächst zu untersuchen, welche Mehrheitserfordernisse im Einzelnen bestehen. Dem schließt sich die Frage an, inwiefern es zweckmäßig oder sogar notwendig sein kann und rechtlich zulässig ist, das Gewicht der Stimme einzelner Gesellschafter in der Gesellschafterversammlung gegenüber der Stimmkraft vergleichbar beteiligter Anteilseigner zu erhöhen. Spiegelbildlich dazu ist zu klären, inwieweit es angebracht sein und ggf. wirksam festgelegt werden kann, den Einfluss solcher Gesellschafter, die beispielsweise nicht über die erforderliche Sachkunde verfügen, sich nicht mit dem Unternehmen und seinen Zielen identifizieren können, nicht in der Geschäftsführung tätig sind und/oder einen verhältnismäßig geringen Anteil am Gesellschaftskapital halten, zu begrenzen, auszuschließen oder einem Dritteinfluss zu unterwerfen.

4.4.1 Erforderliche Zustimmungsquoten

4.4.1.1 Interessenlage

Bei der Mitwirkung an der Entscheidungsfindung in Familienunternehmen kollidieren vielfach gegensätzliche Interessen. Zum einen besteht seitens der vielfach vorhandenen Gruppe bestens über das Unternehmen informierter, mit dem geschäftlichen Umfeld sowie der strategischen Planung sehr gut vertrauter sowie am Fortbestand der Gesellschaft in der Hand der Unternehmerfamilie stark interessierter Familiengesellschafter ein ausgeprägtes Interesse daran, auf die Beschlussfassung einen überproportional großen Einfluss nehmen zu können, wogegen diese Gesellschafter anderen Miteigentümern, die wenig Anteil an dem Wohl der Gesellschaft nehmen und nur ein geringes Interesse an der Sicherung von dessen Zukunftsfähigkeit zeigen, zur Verhinderung möglicher hierdurch bedingter unsachgemäßer Beschlussfassungen nur einen verhältnismäßig geringeren Einfluss zubilligen wollen. Umgekehrt besteht jedoch auch bei weniger eng mit dem Familienunternehmen verbundenen Gesellschaftern ein Interesse, an der Willensbildung des Unternehmens zumindest in Fragen von grundlegender Bedeutung beteiligt zu werden.

Weitere Interessengegensätze, die sich hinsichtlich ihres Ansatzes nicht zwingend mit der vorstehend genannten Divergenz decken müssen, können zwischen Mehrheits- und Minderheitsgesellschaftern auftreten. Auch bei Mehrheits- und/oder in der Führungsebene des Familienunternehmens tätigen Gesellschaftern herrscht oftmals der Wunsch nach einer überproportional großen Einflussnahmemöglichkeit vor, ist die in Rede stehende wirtschaftliche Bedeutung der Beteiligung in absoluten Zahlen bzw. der Grad der Aktivität in dem Unternehmen doch weitaus größer als bei den Minderheits- bzw. passiven Gesellschaftern. Auch gilt es, in Familienunternehmen das Phänomen des „lästigen Gesellschafters“ zu vermeiden. Es tritt auf, wenn ein – meist minderheitsbeteiligter – Gesellschafter aus grundsätzlicher Unzufriedenheit, aus einem Austrittswunsch unter überhöhten Abfindungsbegehrlichkeiten oder aus anderen sachfremden Gründen die Beschlussfassung der Gesellschaft ohne Rücksicht auf die Interessen des Unternehmens oder der Mitgesellschafter sabotiert. Zwar lässt sich dieses Problem regelmäßig nur durch eine Ausschließung des Betroffenen aus der Familiengesellschaft nachhaltig lösen. Jedoch ist es unabdingbar, auch im Vorhinein sicherzustellen, dass einzelne zwar pauschal, dabei aber nicht nachweislich mutwillig abweichende Gesellschafter so wenig Schaden wie möglich anrichten können.

4.4.1.2 Problemlage

Der Gesetzgeber sieht für Personengesellschaften grundsätzlich Einstimmigkeit bei der Beschlussverfassung vor. Dies erklärt sich aus der Struktur von Personengesellschaften als persönliche Zusammenschlüsse der Gesellschafter ohne Bildung einer juristischen Person sowie aus dem von Gesetzgeber vorgesehenen Gleichlauf von Eigentum und Herrschaft.[113] Dieses Erfordernis der Einstimmigkeit ist jedoch in

[113] Vgl. *K. Schmidt* 2002, S. 1748.

zweierlei Hinsicht höchst problematisch: Zum einen ist grundsätzlich die Mitwirkung jedes Gesellschafters an Abstimmungen erforderlich, zum anderen müssen sich die Gesellschafter geschlossen *für* die Beschlussvorlage aussprechen. Damit kommt eine Beschlussfassung nicht nur dann zum Erliegen, wenn ein einzelner, wenn auch minimal beteiligter, Gesellschafter sich seiner Zustimmung enthält, sondern auch dann, wenn ein Gesellschafter an der Abstimmung überhaupt nicht mitwirkt. Zwar sind alle Gesellschafter aufgrund der gesellschafterlichen Treuepflicht und Förderpflicht gezwungen, ihre Stimme im Sinne der Gesellschaft abzugeben. Gleichwohl werden nicht abgegebene Stimmen wie Gegenstimmen behandelt, sofern keine gesellschaftsvertragliche Bestimmung die Beschlussfähigkeit anderweitig regelt.[114]
Wird die Mitwirkung an der Beschlussfassung in Personengesellschaften grundlegend verweigert oder nicht in einem dringend erforderlichen Sinne gestimmt, so kann dieses Verhalten lediglich durch gerichtliche Entscheidung überwunden werden. Ausnahmsweise ist das treuwidrige Abstimmungsverhalten – oder eben Abstimmungs*nicht*verhalten – nur dann per se unbeachtlich, ohne dass es auf dessen gerichtliche Feststellung ankäme, wenn es um Geschäftsführungsmaßnahmen sowie in Ausnahmefällen um die Änderung des Gesellschaftsvertrages geht.
Zusammenfassend ist festzuhalten, dass das Erfordernis einstimmiger Beschlussfassung auch unter Berücksichtigung der gesellschafterlichen Treuepflicht äußerst problematisch ist, gibt es doch Inhabern auch geringster Beteiligungen die Möglichkeit, die Beschlussfassung der Gesellschaft zunächst zum Erliegen zu bringen. Insbesondere in Familienunternehmen ist dies mit Schwierigkeiten verbunden, da die Gründe, aus denen ein Gesellschafter die Beschlussfassung blockieren könnte, aus zwei unterschiedlichen sozialen Systemen stammen können und damit sehr schwer kalkulierbar sind.

Bei Familienunternehmen in der Rechtsform von Gesellschaften mbH geht das Gesetz für den Regelfall von der Beschlussfassung mit einfacher Mehrheit der abgegebenen Stimmen aus. Nur ausnahmsweise sind größere Mehrheiten erforderlich. So bedürfen Beschlüsse über Satzungsänderungen, die Erhöhung des Stammkapitals,

[114] Ausnahmen ergeben sich nur für s.g. Publikumspersonengesellschaften mit deutlich mehr als 100 Gesellschaftern, bei denen nur abgegebene Stimmen bei der Ermittlung der Mehrheit berücksichtigt werden – nicht abgegebene Stimmen werden hier nicht als Gegenstimmen gewertet, vgl. BGH, Urteil vom 30.03.1998 – II ZR 20/97 WM 1998, S. 1028, 1031.

die Auflösung der GmbH durch Gesellschafterbeschluss oder die Ausschließung eines Gesellschafters einer Mehrheit von drei Vierteln der abgegebenen Stimmen. Einstimmige Zustimmung hingegen ist erforderlich zu einer Änderung des Gesellschaftszwecks oder dem Abschluss eines Gewinnabführungsvertrages, ggf. kombiniert mit einem Beherrschungsvertrag. Zu beachten ist, dass sich alle *Mehrheits*erfordernisse nur auf die *abgegebenen* Stimmen beziehen, während *Zustimmungs*erfordernisse alle *vorhandenen* Stimmrechte und damit auch die Stimmen abwesender Gesellschafter erfassen.[115] Für eine wirksame Beschlussfassung muss nicht notwendigerweise eine Mindestquote von Gesellschaftern anwesend oder vertreten sein. Im Extremfall ist es daher möglich, dass – ordnungsgemäße Einberufung, Ladung und Ankündigung vorausgesetzt – ein einziger anwesender Gesellschafter gültige Beschlüsse fassen kann, und zwar auch mit einem verschwindend geringen Kapitalanteil.[116]

Bei Familienunternehmen in der Rechtsform der Aktiengesellschaft verhält es sich weitgehend identisch: Das Aktienrecht sieht ebenfalls eine einfache Stimmenmehrheit, mithin die Mehrheit der *abgegebenen* Stimmen, als grundsätzlich für die Beschlussfassung der Hauptversammlung ausreichend vor. Abweichungen können sich danach durch Satzungsregelung oder anderweitiges gesetzliches Erfordernis – etwa für die Abberufung von Mitgliedern des Aufsichtsrates mit Drei-Viertel-Mehrheit – ergeben. Auch kann kraft gesetzlicher Anordnung zusätzlich zur Stimmenmehrheit eine Kapitalmehrheit für die Wirksamkeit von Beschlüssen erforderlich sein, so beispielsweise bei satzungsändernden Beschlüssen oder bei Beschlüssen über Kapitalerhöhungen und -herabsetzungen.

In Familiengesellschaften in kapitalgesellschaftlichen Rechtsformen besteht damit aufgrund des weitgehenden Fehlens von Einstimmigkeitserfordernissen kein ausgeprägtes, durch die gesetzliche Konzeption bedingtes Konfliktpotential.

[115] Vgl. OLG Hamm, Urteil vom 11.02.1999 – 27 U 187/98, NZG 1999, S. 599.
[116] Vgl. *H. Fabis* 2002, S. 381, 382.

4.4.1.3 Konfliktvermeidung durch Gesellschaftsvertrag

In Familienunternehmen personengesellschaftlicher Rechtsformen besteht dringender Bedarf, im Interesse der Konfliktvermeidung vom herrschenden Einstimmigkeitserfordernis für Beschlussfassungen abzuweichen. Gegen die Zulässigkeit gesellschaftsvertraglicher Abweichungen von den gesetzlichen Mehrheitserfordernissen bestehen keine grundsätzlichen Bedenken. Soweit lediglich über Fragen der laufenden Geschäftsführung mehrheitlich entschieden werden soll, ist dies vollkommen unproblematisch. Geht es hingegen um Vertragsänderungen und Umwandlungsentscheidungen, gilt der Bestimmtheitsgrundsatz, demzufolge eine Mehrheitsklausel, die auch grundlegende Beschlussgegenstände erfassen soll, nur wirksam ist, wenn sich dies bereits aus dem Gesellschaftsvertrag selbst ergibt. So ist es beispielsweise erforderlich, dass eine Mehrheitsklausel, die die folgenden Beschlussgegenstände erfassen soll, diese Gegenstände von vorherein erkennen lässt:

- Umwandlung der KG in ein GmbH,
- Änderung des Gesellschaftszwecks,
- Herabsetzung der für weitere Satzungsänderungen erforderlichen Mehrheit,
- Neuaufnahme oder Ausschluss von Gesellschaftern,
- Beitragserhöhung,
- Feststellung des Jahresabschlusses,
- Bildung von Rücklagen,
- Änderungen des Gewinnverwendungsschlüssels,
- Auflösung und Fortsetzung der Gesellschaft,
- Änderung der Kündigungsfolgen,
- Schaffung oder Beseitigung von Sonderrechten,
- Abweichungen von dem Grundsatz der Gleichbehandlung der Gesellschafter und
- Art, Umfang und Aufteilung der Geschäftsführungsbefugnis.

Die vom Bestimmtheitsgrundsatz erfassten Beschlussgegenstände umfassen damit alle wesentlichen, die Rechtsstellung der Gesellschafter berührenden Bereiche. Eine

Ausnahme vom Bestimmtheitsgrundsatz wird von der Rechtsprechung nur für Publikumsgesellschaften und vergleichbare mitgliederstarke Familiengesellschaften gemacht, da bei Gesellschaften mit einem derart umfangreichen Gesellschafterkreis das Einstimmigkeitsprinzip eine Beschlussfassung unmöglich machen würde.

Danach ist es in Personengesellschaften grundsätzlich möglich, vom Einstimmigkeitsprinzip zugunsten von Mehrheitsbeschlüssen abzuweichen. Zu beachten ist jedoch, dass hier ein wohlüberlegte Abstufung stattzufinden hat, für welche Beschlüsse eine einfache Mehrheit ausreichen soll und ob nicht für bestimmte Beschlüsse das Erfordernis einer qualifizierte Mehrheit aufrechterhalten bleiben sollte.

Bei Familienunternehmen in der Rechtsform der GmbH bedarf es aufgrund der gesetzlichen Konzeption keiner gesellschaftsvertraglichen Korrekturen, um die Blockade von Beschlüssen durch einzelne Gesellschafter zu verhindern. Bei den wenigen Beschlussgegenständen, für die eine einstimmige Entscheidung bzw. eine Beschlussfassung durch Drei-Viertel-Mehrheit erforderlich ist, ist eine Abschwächung dieser Erfordernisse durch Satzungsregelung nicht zulässig. Eine Verschärfung der Mehrheitserfordernisse hingegen steht im Belieben der Gesellschafter, sollte jedoch vor dem Hintergrund des aufgezeigten Konfliktpotentials äußerst sorgfältig gehandhabt werden.

Änderungen der gesetzlichen Konzeption empfehlen sich jedoch im Hinblick auf die Beschlussfähigkeit der GmbH. Um sicherzustellen, dass nicht eine Gesellschafterminderheit bei Abwesenheit der Mehrheitsgesellschafter wesentliche Beschlüsse fassen kann, empfiehlt sich die – zulässige – Regelung, dass eine wirksame Beschlussfassung die Anwesenheit einer bestimmten Zahl von Gesellschaftern, das Vertretensein eines festgelegten Teils des Stammkapitals oder eine Kombination aus beidem voraussetzt.[117]

Auch bei Familienunternehmen in der Rechtsform der Aktiengesellschaft ist aufgrund der mit der GmbH weitgehend identischen Ausgangslage kein massives Konfliktpotential vorhanden. Auch hier kann in den meistens Fällen von der gesetzlichen

[117] Vgl. *Fischer* in Müller/Hoffmann 2002, § 4 Rn. 131.

Anordnung einfachmehrheitlicher Beschlussfassungen abgewichen werden. In allen Fällen sollte jedoch auch hier von einer Aufweichung des Erfordernisses einfacher Mehrheiten nur nach Berücksichtigung aller Umstände Gebrauch gemacht werden.

4.4.1.4 Konfliktvermeidung durch Beteiligung Dritter

Die Beteiligung Dritter, beispielsweise eines Beirats, ist im gegenständlichen Zusammenhang nur eingeschränkt denkbar. So ließe sich ein Gremium neutraler Außenstehender einbinden, wenn über die Frage Streit entsteht, ob ein bestimmter Beschlussgegenstand einstimmig oder durch Mehrheitsentscheidung zu behandeln ist. Besonderes Gewicht kommt dem insbesondere bei Personengesellschaften zu, in denen sich der Bereich nicht durch Mehrheitsentscheidung zu fassender Beschlüsse umfangreicher und im Einzelfall weniger eindeutig darstellt als bei Kapitalgesellschaften. Auch kann dem Beirat eine Einschätzungsprärogative übertragen werden, ob die Reichweite der Treuepflicht im Einzelfall ein bestimmtes Abstimmungsverhalten fordert. Als abschließende Lösungsmöglichkeit für ernsthafte Auseinandersetzung kann eine derartige Kompetenzzuweisung jedoch nicht dienen, zumal betroffenen Gesellschaftern der Rechtsweg offensteht.

4.4.1.5 Zusammenfassung

Der Themenbereich der Zustimmungserfordernisse zu Gesellschafterbeschlüssen bietet insbesondere in Personengesellschaften aufgrund des gesetzlichen Erfordernisses einstimmiger Entscheidungen erhebliches Konfliktpotential. Durch gesellschaftsvertragliche Regelung sollte hier in weitestmöglichem Umfang die Beschlussfassung durch Mehrheitsentscheid ermöglicht werden. Bei allen Gesellschaften sollte sichergestellt werden, dass die Beschlussfassung an ein bestimmtes Quorum bzw. an die Präsenz eines Mindestanteils vertretenen Kapitals geknüpft wird.

4.4.2 Stimmwert

4.4.2.1 Interessenlage

Bei Gesellschaftern von Familienunternehmen besteht nicht zuletzt aufgrund ihres persönlichen Hintergrundes als Angehörige des sozialen Systems Familie ein starkes Interesse daran, die Möglichkeiten der Einflussnahme auf das Geschehen im Familienunternehmen gerecht verteilt zu wissen. Dabei liegt auf Unternehmensebene eine Differenz zu den innerfamiliär geltenden Gerechtigkeitsmaßstäben vor, die regelmäßig von einer sehr grundsätzlichen Gleichwertigkeit aller Mitglieder ausgehen. Innerhalb des Unternehmens hingegen sind rational-wirtschaftliche Faktoren die bestimmenden Elemente.

4.4.2.2 Problemlage

Dieser Interessenlage wird von der für Personengesellschaften geltenden Gesetzeslage nur unzureichend Rechnung getragen. Der Gesetzgeber sieht hier vor, dass die Mehrheit in Zweifel nach Köpfen der stimmberechtigten Gesellschafter zu berechnen ist. Damit weist die abgegebene Stimme eines jeden Gesellschafters einen gleich hohen Zählwert auf, unabhängig von der Größe seiner Beteiligung. Damit zählt die Stimme eines Minderheitsgesellschafters gleich viel wie die Stimme des Mehrheitsanteilseigners. In Konsequenz bedeutet dies, dass ein Gesellschafter, dessen Unternehmensbeteiligung ein nur geringes wirtschaftliches Interesse rechtfertigt, eine meist der Beteiligungsgröße entsprechende Dividende erhält und nur in einem dem Proporz entsprechenden Umfang für Verluste haftet, im Beschlussgremium über die gleichen Einflussnahmemöglichkeiten verfügt wie ein Mehrheitsgesellschafter, der aktiv in der Unternehmensleitung mitarbeitet, dessen wirtschaftliche Situation in viel größerem Umfang von der Gewinnausschüttung abhängt und der in absoluten Zahlen in weitaus größerem und potentiell existenzbedrohendem Umfang für Verluste des Unternehmens einzustehen hat. Aus einer solchen Asymmetrie ergeben sich nahezu zwangsläufig Konflikte.

Bei Kapitalgesellschaften ist die gesetzliche Ausgangslage interessengerechter, da sich der Stimmwert hier nicht nach Köpfen, sondern nach der Größe der Beteiligung richtet. Unter Aspekten materieller Gerechtigkeit nach den für die unternehmensbezogene Sphäre geltenden Maßstäben ergibt sich damit bei Familienkapitalgesellschaften kein gesteigertes Konfliktpotential.

4.4.2.3 Konfliktvermeidung durch gesellschaftsvertragliche Regelung

Anstell des Zählwertes der Stimme nach Kopfteilen kann bei Familienunternehmen in den Rechtsformen von Personengesellschaften kraft gesellschaftvertraglicher Regelung eine Berechnung nach der Höhe der Kapitalanteile vorgesehen werden.[118]
Bei Personengesellschaften mit einer unterschiedlichen Größe der Anteile ist eine solche Regelung der Normalfall, allerdings auch unerlässlich, da es für Mehrheitsgesellschafter regelmäßig nicht hinnehmbar sein wird, dieselben Einflussnahmemöglichkeiten zu haben wie Minderheitsgesellschafter.

Möglich ist weiterhin, bestimmten Gesellschaftern als Sonderrecht ein mehrfaches Stimmrecht zuzubilligen. So kann beispielsweise bei der Abstimmung nach Kopfteilen ein doppeltes Stimmrecht vereinbart werden. Auch ist es möglich, die Überstimmungsmöglichkeit bestimmter Anteilseigener, beispielsweise von Altgesellschaftern, vollständig auszuschließen.[119] Auf diesem Wege kann ebenso wie durch eine Stimmgewichtung nach Kapitalanteilen vermieden werden, dass Mehrheits- und Minderheitsgesellschafter über identische Möglichkeiten der Einflussnahme verfügen. Auch kann ein solches Sonderrecht eingeräumt werden, wenn zwar mehrere Gesellschafter über Anteile in gleicher Größe verfügen, einzelnen jedoch beispielsweise wegen umfangreicherer Sachkunde ein größeres Gewicht bei der Beschlussfassung zukommen soll. Die Zulässigkeit einer solchen Regelung erreicht erst ihre Grenze, wenn die Gestaltung die Marke der Sittenwidrigkeit erreicht. Entsteht durch die Einräumung des erhöhten Stimmrechts eine sittenwidrige Abhängigkeit der übrigen

[118] Vgl. *K. Schmidt* 2002, S. 453.
[119] Vgl. *Stengel* in Müller/Hense 2002, § 3 Rn. 498.

Gesellschafter von dem privilegiert stimmberechtigten Anteilseigner, ist ein Mehrfachstimmrecht unzulässig.
Bei Kapitalgesellschaften ergibt sich infolge der bereits vom Gesetzgeber vorgesehenen Kopplung des Stimmwertes an dem Umfang der gehaltenen Kapitalanteile nur wenig Notwendigkeit für statutarische Veränderungen. Zulässigerweise können bei Familiengesellschaften mbH sowohl Mehrfachstimmrechte als auch ein Vetorecht zugunsten einzelner Gesellschafter ebenso vereinbart werden wie umgekehrt Höchststimmrechte zur Begrenzung der Einflussnahmemöglichkeiten eines Mehrheitsgesellschafters.[120] Höchststimmrechte erscheinen für die Unternehmerfamilie nicht nur dann wünschenswert, wenn der Einfluss eines familienangehörigen Mehrheitsgesellschafters eingeschränkt werden soll, sondern auch und gerade dann, wenn familienfremde Kapitalgeber an dem Unternehmen beteiligt werden sollen, die Unternehmerfamilie aber ihren Einfluss in der Gesellschafterversammlung nicht in zu weitgehendem Umfang Familienfremden überlassen möchte. Ob sich allerdings Kapitalgeber mit einer solchen Regelung einverstanden erklären werden, ist mehr als zweifelhaft.

Für Aktiengesellschaften wird die Gewährung von Mehrstimmrechten ausnahmslos für unzulässig erklärt. Anderes gilt jedoch für die Festlegung von absoluten oder abgestuften Höchststimmrechten, die für nicht börsennotierte Aktiengesellschaften in § 134 Abs. 1 S. 2 AktG ausdrücklich für zulässig erklärt werden.

Ob derartige Regelungen für Familienunternehmen in kapitalgesellschaftlicher Rechtsform sinnvoll sind, richtet sich stark nach den individuellen Bedürfnissen und kann daher nur im Einzelfall entschieden werden. Überträgt beispielsweise der Gründer bereits umfangreich Kapitalanteile auf die Folgegeneration und besteht Einigkeit, dass dieser bis zum Ablauf einer den Nachfolgern gesetzten „Bewährungsfrist" nach wie vor maßgeblichen Einfluss im Gremium der Anteilseigner behalten soll, wäre ein Mehrfachstimm- oder auch ein Vetorecht ein gangbarer Weg, wenn und soweit sichergestellt ist, dass sich der Gründer irgendwann tatsächlich auf eine weniger einflussreiche Rolle beschränken wird.

[120] Vgl. *Fischer* in Müller/Hoffmann 2002, § 4 Rn. 82; *K. Schmidt* 2002, S. 607.

4.4.2.4 Konfliktvermeidung durch Beteiligung Dritter

Außenstehende Dritte, so bspw. ein Beirat, können in diesem Bereich höchstens beratend hinsichtlich der Festlegung gesellschaftsvertraglicher Abweichungen tätig werden. So kann vereinbart werden, im Zuge der Festlegung der Änderungen zwingend einen Beirat oder ein ähnliches Gremium anzuhören und dessen Stellungnahme hinsichtlich der Angemessenheit der Änderungen zu prüfen. Dies kann zwar nur niederschwellig zur Vorbeugung von Konflikten beitragen. Allerdings kann bei durch die Modifikation drohenden Unverhältnismäßigkeiten eine Ebene geschaffen werden, die die Pläne der Gesellschafter weiter durchleuchtet und möglicherweise problematische Folgen identifiziert.

4.4.2.5 Zusammenfassung

Zusammenfassend lässt sich festhalten, dass für Personengesellschaften eine Empfehlung dahingehend ausgesprochen werden kann, dass die Stimmkraft nach der Beteiligungsgröße gestaffelt werden sollte. Über individuell zulässige gesellschaftsvertragliche oder satzungsmäßige Regelungen wie Mehr- oder Höchststimmrechte können keine allgemeingültigen Aussagen getroffen werden. Empfehlenswert erscheint es jedoch, für den Fall, dass die Aufnahme solcher Regelung beabsichtigt ist, eine Billigkeitskontrolle durch Anhörungs- und Stellungnahmerechte eines Beirats vorzusehen.

4.4.3 Stimmbindungsvereinbarungen

4.4.3.1 Interessenlage

Insbesondere bei Familienunternehmen, deren Eigner in Familienstämmen organisiert sind, erscheint es unter Umständen sinnvoll, die Ausübung des Stimmrechts durch rechtsgeschäftliche Vereinbarung bestimmten Maßgaben zu unterwerfen. So kann hierdurch eine stammeseinheitliche Stimmabgabe mit dem Ziel, ein Auseinanderfallen des Einflusses eines Familienstammes zu verhindern, sichergestellt werden.[121] Hierdurch lassen sich jedoch nur solche Konflikte innerhalb des Familienstammes verhindern, die durch eine uneinheitliche Stimmabgabe ausgelöst werden könnten. Im Hinblick auf das Verhältnis zu den anderen Familiengesellschaftern, gleich ob in Stämmen organisiert oder individuell auftretend, erscheint eine solche pauschale Bündelung der Abstimmungsmacht jedoch nicht unproblematisch, begründet sie doch die Gefahr, dass Mehrheiten unter Ausblendung der eigentlichen Ratio ausschließlich aus Gründen der Stammesraison geschaffen werden. Ein solches Vorgehen ist, insbesondere wenn es zu für die Gesellschaft nachteiligen Beschlussfassungen führt, eher geeignet, Konflikte im Gesellschafterkreis zu schaffen als sie zu verhindern. Daher können Stimmbindungen nach Gesellschafterstimmen unter Aspekten der Konfliktvermeidung nicht generell als empfehlenswert bezeichnet werden.[122] Eine gebündelte Stimmabhabe kann jedoch andererseits auch im gemeinsamen übergeordneten Interesse aller Familiengesellschafter stehen. Dabei kommt ein solches einheitliches Abstimmungsverhalten insbesondere mit den folgenden Zielrichtungen in Betracht:

- Sicherung einer konstanten Mehrheit in der Gesellschafterversammlung zum Schutz vor Zufallsmehrheiten;
- Sicherung des Charakters als Familienunternehmen bei Eintritt familienfremder Dritter in die Gesellschaft;
- Schutz der Gesellschaft vor den Auswirkungen destruktiven Verhaltens einzelner Gesellschafter;
- Sicherstellung einer sachlich fundierten Beschlussfassung durch die Notwendigkeit vorheriger Beratung der Parteien eines Stimmbindungsvertrages.

Ein einheitliches Abstimmungsverhalten der Familiengesellschafter kann sich hier als konfliktvermeidend erweisen, indem ein sachlich nicht gerechtfertigtes Auseinanderdriften der Stimmen der Familiengesellschafter verhindert wird. Auch kann durch den Zwang zu einer vor der Beschlussfassung ggf. erforderlichen Abstimmung unter den der Stimmbindung unterliegenden Gesellschaftern eine intensive inhaltliche Auseinandersetzung mit dem Beschlussgegenstand erzwungen und damit ein

[121] Vgl. *Wälzholz* in Sudhoff 2005-1, § 11 Rn. 97.
[122] Vgl. *Hennerkes* 2004, S. 108; *Hennerkes/Kirchdörfer* 1998, § 3 Rn 3.59.

durchdachtes Votum sichergestellt werden. Denkbar ist auch eine Bindung an das Votum gesellschaftsfremder Dritter, beispielsweise eines mit Gesellschaftsfremden besetzten Beirates, um eine sachgerechte Beschlussfassung sicherzustellen.

4.4.3.2 Problemlage

Der Gesetzgeber hat sich für Unternehmen in den Rechtsformen von Personengesellschaften nicht gegen die Zulässigkeit von Stimmbindungsvereinbarungen ausgesprochen. Gleichwohl halten manche Autoren Stimmbindungsverträge generell für sittenwidrig und damit nichtig, da jede Vereinbarung einer Gegenleistung für die Zusage eines bestimmten Abstimmungsverhaltens Anreize für eine von sachfremden Motiven getragene Stimmabgabe schaffe.[123] Hierbei wird jedoch übersehen, dass eine Sittenwidrigkeit immer auch ein subjektives Moment voraussetzt. Der Abschluss von Stimmbindungsvereinbarungen ist jedoch, wie eingangs dargestellt, aus durchaus billigenswerten und im Interesse aller Gesellschafter liegenden Motiven denkbar. Damit lässt sich die generelle Unterstellung einer sittenwidrigen Interessenlage nicht rechtfertigen. Richtigerweise kann eine Stimmbindungsvereinbarung nur im Einzelfall auf eine eventuelle Sittenwidrigkeit sowie ihre Vereinbarkeit mit der allgemeinen gesellschaftrechtlichen Treuepflicht überprüft werden.

Auch für Familienunternehmen in den Rechtsformen der GmbH und der AG bestehen an der Zulässigkeit von Stimmbindungsvereinbarungen keine generellen Zweifel, und zwar unabhängig davon, ob sie als Stimmrechtskonsortium zwischen den Gesellschaftern eingegangen oder mit außenstehenden Dritten niedergelegt werden.[124] Für Aktiengesellschaften lässt sich die Zulässigkeit solcher Vereinbarungen sogar aus einem Umkehrschluss aus § 136 Abs. 2 AktG ableiten, in dem Stimmbindungen – nur – für den Fall für unzulässig erklärt werden, in dem sich ein Anteilseigner den Weisungen von Vorstand oder Aufsichtsrat unterwirft. Hieraus kann abgeleitet werden, dass Stimmbindungsvereinbarungen generell nicht dem Verdikt der Unzulässigkeit unterworfen sind.

[123] Nachweise bei *Fabis* 2007, S. 275.
[124] Vgl. *Wälzholz* in Sudhoff 2005-1, § 11 Rn. 97.

4.4.3.3 Konfliktvermeidung durch Gesellschaftsvertrag

Obschon den Gesellschaftern von Familienunternehmen auch in personengesellschaftlicher Rechtsform der Abschluss von Stimmbindungsvereinbarungen grundsätzlich freisteht, sind doch bestimmte Begrenzungen zu beachten. Zwar bedeutet das geltende Prinzip der Abstimmungsfreiheit, dass Gesellschafter eben auch darin frei sind, Stimmbindungsvereinbarungen einzugehen. Die Vereinbarung muss sich dabei nicht auf bestimmte Beschlussgegenstände beziehen, sondern kann übergreifend alle Arten von Abstimmungen erfassen. Ohne besondere Regelung zwischen den Gesellschaftern müssen die übrigen Gesellschafter dem Abschluss von Stimmbindungsvereinbarungen innerhalb einer Gesellschaftergruppe nicht zustimmen, müssen über eine solche im Normalfall nicht einmal informiert werden.[125]
Sehr kritisch zu sehen ist jedoch die Eingehung von Stimmbindungsvereinbarungen mit personengesellschaftsfremden Dritten. Zwar hegt die Rechtsprechung gegen eine solche Gestaltung keine grundsätzlichen Bedenken, solange der sich bindende Gesellschafter nicht vollkommen entrechtet wird.[126] Dies ist jedoch kritisch zu sehen, da für Personengesellschaften das Abspaltungsverbot gilt, demzufolge die Rechte aus der Mitgliedschaft ihrer Natur nach nicht von der Gesellschafterposition getrennt werden können. Danach kann Gesellschaftsfremden kein Stimmrecht eingeräumt werden, da sonst Mitgliedschaftsrecht und Stimmrecht auseinanderfielen. Zudem könne die Bindung an gesellschaftsfremde Dritte, die nicht der gesellschafterlichen Treuepflicht unterliegen, zu einer Kollision mit dieser gesellschafterlichen Treuepflicht führen. Vor diesem Hintergrund bleibt festzuhalten, dass eine Stimmbindung in Personengesellschaften zwar von der Rechtsprechung für zulässig erachtet und damit in der Praxis vielfach angewandt werden wird. Die Einwände der genannten Literaturauffassungen sollten jedoch nicht völlig unbeachtet bleiben.

Schranken solcher Stimmbindungsvereinbarungen in Personengesellschaften ergeben sich jedoch, wenn sich ein geschäftsführungsbefugter Gesellschafter hinsichtlich der Ausübung seiner Geschäftsführung den Weisungen eines Dritten unterwerfen will und sich die Stimmbindung dabei auch auf solche Beschlüsse beziehen soll, die den

[125] Etwas anderes gilt bspw. nur bei einem besonders ausgeprägten Vertrauensverhältnis zwischen den Gesellschaftern, vgl. *Ulmer* in Rebmann/Rixecker/Säcker 2004, § 717 Rn. 23.

Kernbereich der Gesellschafterstellung betreffen und die vor dem Hintergrund der Minderheitenschutzes oder eines gesetzlichen Stimmverbots problematisch wären.[127]

Zu beachten ist, dass Stimmbindungsvereinbarungen eine lediglich schuldrechtliche Wirkung zukommt. Damit ist die aufgrund eines unwirksamen Stimmbindungsvertrages bindungskonform abgegebene Stimme ebenso wirksam wie die unter Verstoß gegen die Stimmbindungsvereinbarung abgegebene Stimme.[128] Der Gesellschafter, der entgegen der wirksamen Stimmbindung votiert, setzt sich unter Umständen einer Schadenersatzpflicht aus, der Vertragspartner der Stimmbindungsvereinbarung kann sein Recht jedoch gleichwohl auf dem Klagewege verfolgen.

Stimmbindungsvereinbarungen von Gesellschaftern einer Familiengesellschaft mbH werden auch dann für wirksam gehalten, wenn sie mit gesellschaftsfremden Dritten eingegangen wurden.[129] Problematisch ist dies im Hinblick auf die Satzungsautonomie der Gesellschafter zumindest in den Fällen, in denen auch satzungsändernde Beschlüsse von der Stimmbindung erfasst werden sollen. Unzulässig ist in jedem Fall – wie auch bei Personengesellschaften – die Umgehung gesetzlicher Stimmverbote durch Stimmbindungsvereinbarungen. Ist ein Gesellschafter von der Stimmabgabe für den konkreten Beschlussgegenstand ausgeschlossen, kann er von den ihm durch ein Stimmkonsortium verpflichteten Gesellschaftern nicht die Befolgung seiner Weisungen verlangen; die vereinbarte Stimmbindung ist insoweit suspendiert. Bei Familienaktiengesellschaften ist eine Bindung des Stimmverhaltens an die Weisung von Nichtaktionären unter Berücksichtigung der Umstände im Einzelfall zulässig.[130] Satzungsänderungen sollten wegen der Satzungsautonomie der Aktionäre auch hier von Stimmbindungsvereinbarungen ausgenommen werden. Auch darf durch eine Stimmbindungsvereinbarung keine Umgehung von § 136 Abs. 2 AktG erfolgen, damit nicht über einen Umweg ein Verwaltungseinfluss auf die Hauptversammlung begründet wird.

[126] Vgl. BGH, Urteil vom 29.05.1967 – II ZR 105/66, BGHZ 48, S. 163.

[127] Ausführlich dargestellt bei *Fabis* 2007, S. 280 ff.

[128] Vgl. BGH, Urteil vom 04.11.1976 – II ZR 50/75, WM 1977, S. 525.

[129] Vgl. OLG Celle, Urteil vom 26.09.1990 – 9 U 113/90, GmbHR 1991, S. 580.

[130] Zu berücksichtigen sind auch hier, wie generell, die Begrenzungen durch die gesellschafterliche Treuepflicht des Aktionärs.

4.4.3.4 Zusammenfassung

Zusammenfassend ist festzuhalten, dass Familienunternehmen bei dem Abschluss von Stimmbindungsvereinbarungen einige Einschränkungen zu beachten haben, gewünschte Anpassungen der Stimmverhältnisse an die Erfordernisse des jeweiligen Familienunternehmens durch solche Verträge jedoch grundsätzlich möglich sind.

4.4.4 Sonderproblem: Pattsituationen im Beschlussgremium

4.4.4.1 Interessenlage

In Familien- wie in allen anderen Unternehmen mit mehreren Gesellschaftern kann es in der Gesellschafterversammlung bzw. Hauptversammlung dazu kommen, dass sich Gesellschaftergruppen gegenüberstehen, die jeweils exakt die Hälfte der Stimmrechte ausüben können. Sind diese Stimmgruppen hinsichtlich eines Beschlussgegenstandes, für den die einfache Mehrheit der Stimmen ausreicht, unterschiedlicher Auffassung und ist weder eine Einigung zu erzielen noch lassen sich einzelne Angehörige der jeweils anderen Gesellschaftergruppe umstimmen, führt dies dazu, dass eine Beschlussfassung nicht möglich ist, da keine der beiden Gesellschaftergruppen über eine Mehrheit verfügt. Damit liegt eine sog. Patt-Situation in dem zur Beschlussfassung berufenen Gremium vor.
Bestehen solche Patt-Situationen, kann dies nicht nur Konflikte auslösen, sondern bestehende Unstimmigkeiten zur Eskalation bringen. Ernsthafte Schwierigkeiten ergeben sich, wenn zwischen Gesellschaftern oder Gesellschafterstämmen bereits ein Grad an Antipathie vorherrscht, der eine einvernehmliche Beilegung von Unstimmigkeiten verhindert. Geht es in der Sache nicht mehr um unterschiedliche Auffassungen über den Gegenstand des angestrebten Gesellschafterbeschlusses, sondern nur noch darum, die von der „anderen Seite“ angestrebte Entscheidung allein schon deswegen zu verhindern, weil sie eben von der Gegenseite stammt, hat dies zumeist verheerende Folgen für das Familienunternehmen: Die Beschlussfassung wird bis zur völligen Handlungsunfähigkeit des Gesellschaftergremiums verhindert, wichtige Beschlüsse können nicht gefasst, strategische Entscheidungen nicht getroffen wer-

den – im Extremfall kann das Familienunternehmen vollständig lahmgelegt werden. Dieser Umstand kann zu einem sehr raschen und unrühmlichen Untergang des gesamten Unternehmens führen.

Solche Beschlussunfähigkeiten können nicht nur zufällig entstehen, sondern auch von Gesellschaftergruppen bewusst herbeigeführt und ausgenutzt werden, um die andere Gruppe zur Akzeptanz eigener Positionen zu zwingen. Besteht seitens einer solchen hälftig stimmberechtigten Gesellschaftergruppe eine generelle Unzufriedenheit, kann sie die Beschlussfassung vollständig zum Erliegen bringen. Hat ein bestehender Konflikt zwischen den Gesellschaftern eine Eskalationsstufe erreicht, bei der der eigene Vorteil in den Hintergrund tritt und die Schädigung des „Gegners“ auch um den Preis des Untergangs des gemeinsamen Unternehmens angestrebt wird, sind bei einer entsprechenden Aufteilung der Stimmanteile auch längerfristig aufrechterhaltene Blockadehaltungen ein durchaus vorkommendes Mittel. Aber auch ohne das vorherige Bestehen von Konflikten können sich aus einer Patt-Situation im Gesellschaftergremium Auseinandersetzungen entwickeln, namentlich dann, wenn die eine Gesellschaftergruppe gleichsam als Revanche für eine selbst initiierte und nicht zustande gekommene Beschlussfassung die eigene Stimmkraft nutzt, um von der anderen Gruppe vorgeschlagenen Beschlüsse zu verhindern. Derartige Vorgehensweisen können sich bis zu einer vollständigen Blockade aufschaukeln und einen Konflikt auflösen, der die Gesellschaft auf breiter Front erfasst.

Besonders groß ist diese Gefahr in Familienunternehmen, deren Eigner in Stämmen organisiert sind. Stehen einander zwei oder eine andere gerade Zahl von Stämmen gegenüber und bestehen Stimmbindungsvereinbarungen innerhalb oder zwischen diesen Stämmen mit der Folge, dass jeweils 50% der Stimmen gebunden sind, sind Patt-Situationen nahezu vorprogrammiert.

4.4.4.2 Konfliktvermeidung durch Gesellschaftervertrag

Patt-Situationen im Gesellschafterkreis personengesellschaftlich organisierter Familienunternehmen können durch verschiedene gesellschaftsvertragliche Regelungen vermieden oder im Falle ihres Auftretens aufgelöst werden. Zum einen lässt sich eine ungleiche Stimmverteilung dergestalt vereinbaren, dass ein Gesellschafter ein Mehrfachstimmrecht erhält, seiner Stimme bei Stimmgleichgewichten ein dieses Patt auflösendes Mehrgewicht zukommt oder einem Anteilseigner das Recht eingeräumt wird, entsprechende Paritäten durch Stichentscheid aufzulösen.[131] Diese Gestaltungen unterscheiden sich lediglich rein juristisch-begrifflich, nicht jedoch in ihrer Wirkung voneinander. Alternativ lässt sich vereinbaren, dass einem Anteilseigner, beispielsweise dem zuletzt in den Gesellschafterkreis eingetretenen, ein zunächst nur stimmrechtsloser Anteil zukommt. Gegen die Stimmrechtlosigkeit einzelner Anteile bestehen keine Bedenken, wenn und soweit der Kern der Mitgliedschaftsrechte des Betroffenen unangetastet bleibt. Sind die Anteile innerhalb der mit gleich großen Stimmanteilen versehenen Gesellschaftergruppen unterschiedlich groß, kann auch vereinbart werden, dass auf beiden Seiten – ggf. rotierend – je einem Gesellschafter ein größeres oder verringertes Stimmrecht zukommt. Auf diesem Wege ließen sich Stimmgleichheiten vermeiden, ohne dass es zu dauerhaften Ungleichheiten zwischen den einzelnen Gesellschaftern kommt. Bedenken bestehen gegen eine solche Gestaltung aus rechtlicher Sicht nicht, zumal keine zu weitgehende Entmachtung einzelner Gesellschafter eintritt.

Führen solche die vermögensrechtliche Zuordnung der Gesellschaftsanteile unangetastet lassenden Auflösungsmethoden nicht dauerhaft zu einer Behebung der Blockaden, muss in letzter Instanz über die Veränderung der Beteiligungsverhältnisse nachgedacht werden. So ließe sich das Recht zur Ausübung sog. put and call options vereinbaren. Dabei handelt es sich um eine Gestaltung, die demjenigen Gesellschafter oder der Gruppe von Gesellschaftern, die wiederholt einen bestimmten Beschlussgegenstand zur Abstimmung gestellt hat und der von der anderen Gesellschaftergruppe mit deren Stimmen nicht angenommen wurde, das Recht zur Ausübung einer Verkaufsoption über die eigenen Gesellschaftsanteile zu einem anhand im Vorhinein festgelegter Bemessungsgrößen bestimmbaren Preis einräumt. Die blockierende Gesellschaftergruppe hat dann ein Wahlrecht, ob sie die Anteile der initiierenden Gesellschaftergruppe erwerben möchte. Entscheidet sie sich gegen den Ankauf, hat im Gegenzug die initiierende Gesellschaftergruppe das Recht, die An-

[131] Vgl. *Stengel* in Müller/Hense 2002, § 21 Rn. 132.

teile der blockierenden Gesellschaftergruppe gegen Zahlung eines auf identischer Basis ermittelten Preises zu übernehmen. Eine derart fundamentale Lösung kann für sich in Anspruch nehmen, dass sie auf alle Miteigentümer disziplinierend wirkt, müssen sie doch damit rechnen, durch die Ausübung der Option vor fundamentale Entscheidungen hinsichtlich der Eigentumsverhältnisse an dem Unternehmen gestellt zu werden, wobei sie diese Entscheidungen nur noch sehr eingeschränkt selbst in der Hand hat.

Auch bei Familienunternehmen in der Rechtsform der GmbH stehen diese Instrumentarien zur Verfügung, um ein mögliches Blockadeverhalten zu verhindern.

Bei Aktiengesellschaften ist die Niederlegung entsprechender Regelungen nur eingeschränkt möglich. Zwar sind mit Vorzugsaktien stimmrechtslose Beteiligungen vom Gesetzgeber vorgesehen. Dabei handelt es sich jedoch um einen selbstständigen Beteiligungstypus, der nicht als solcher umgewandelt werden kann und damit für eine Rotation ungeeignet ist. Andere Einschränkungen der Stimmkraft sind nicht möglich. Auch ist die Zubilligung erhöhter Stimmrechte oder eines Letztentscheidungsrechts unzulässig. Gleiches gilt für die Niederlegung einer put and call option in der Satzung. Eine Vereinbarung entsprechenden Inhalts außerhalb der Satzung hingegen ist zulässig, aufgrund ihrer lediglich schuldrechtlichen Wirkung jedoch weniger tiefgreifend.

4.4.4.3 Konfliktvermeidung durch Beteiligung Dritter

Alternativ oder kumulativ zu den vorstehenden Lösungsmöglichkeiten bietet sich für Familien-Personengesellschaften und Familiengesellschaften mbH die Möglichkeit, Patt-Situationen durch Einbindung Dritter aufzulösen. So kann bei Auftreten einer Patt-Situation beispielsweise einem externen, d.h. aus Gründen der Neutralität ausschließlich mit Gesellschaftsfremden besetzten, Beirat ein Vorschlagsrecht eingeräumt werden, den eingebrachten Beschlussvorschlag anzunehmen oder zurückzuweisen. Alternativ oder – auf nachgelagerter Stufe – kumulativ kann dem Beirat die Befugnis übertragen werden, bindende Empfehlungen bezüglich einer Abänderung einer im Patt stehenden Beschlussvorlage zu geben. Es ist sogar möglich, in einer

Patt-Situation zwischen den Gesellschaftern einem Beirat ein faktisches Letztentscheidungsrecht dergestalt einzuräumen, dass diejenigen Stimmen als übergewichtig zu zählen sind, die das Votum des Gremiums auf ihrer Seite wissen.

Anstelle des Beirates kann auch der Spruch eines Schiedsgerichts zur Auflösung von Stimmgleichheiten herangezogen werden – wenn nicht zwischen Schiedsgericht und Beirat ohnehin vollständige Identität besteht.

Ein Weg, der nicht erst zur Auflösung entstandener Stimmengleichheiten, sondern vorgelagert zu deren Vermeidung beschritten werden kann, ist die Beteiligung Familienfremder an der Familiengesellschaft, beispielsweise durch eine Überkreuzbeteiligung zwischen verschiedenen Familienunternehmen. Auf diesem Wege wird nicht nur eine bestehende oder drohende Stimmengleichheit aufgelöst, indem dem Dritten die Funktion des Züngleins an der Waage übertragen wird. Auch kann der bloße Eintritt eines Fremden in einen zuvor rein familiär geprägten Gesellschafterkreis neutralisierend und disziplinierend wirken.[132]

Die Überlassung von Gesellschaftsanteilen an Dritte stellt zwar für die meisten Unternehmerfamilien ein Tabu dar, wird sie doch vielfach als Vorstufe eines Totalverlustes des familiären Einflusses auf das Unternehmen wahrgenommen. Der vermuteten Gefahr, dass eine eingeräumte Beteiligung ohne Willen der Familiengesellschafter weiter übertragen wird, kann jedoch ohne Schwierigkeiten begegnet werden.

Bei Familienunternehmen in der Rechtsform der GmbH ist die Mitwirkung Dritter zur Auflösung von Stimmrechtsparitäten in noch größerem Umfang als bei personengesellschaftlich organisierten Familienunternehmen zulässig. Hier kann auch Nichtgesellschaftern, beispielsweise einem rein extern besetzten Beirat, ein Stichentscheid zugebilligt werden. Erst recht möglich ist die Gewährung von Vorschlags- oder bindenden Empfehlungsrechten zugunsten Familienfremder.

Bei Aktiengesellschaften ist die Vereinbarung eines Letztentscheidungsrechts zugunsten einzelner Aktionäre oder außenstehender Dritter unzulässig. Zulässig hingegen ist die Einräumung unverbindlicher Empfehlungsrechte hinsichtlich einer er-

[132] Vgl. *Haftlmeier-Seiffert* 2007, S. 15.

neuten Entscheidung über den infolge einer Patt-Situation nicht angenommenen Beschlussantrag, der jedoch mangels Bindungswirkung bei Vorliegen ernsthafter Differenzen keine Abhilfe schaffen kann. Ein gangbarer Weg ist jedoch die Beteiligung außenstehender Dritter am Gesellschaftskapital, sei es durch Mitarbeiterbeteiligung oder durch Überkreuzbeteiligungen verschiedener Familienunternehmen.

4.4.4.4 Zusammenfassung

Zusammenfassend lässt sich festhalten, dass die Zulässigkeit der Niederlegung von Regelungen zur Vermeidung und Auflösung von Patt-Situationen unter den Gesellschaftern eines Familienunternehmens je nach Gesellschaftsform stark variiert. Während bei Personengesellschaften und bei Gesellschaften mbH sowohl die Einräumung stimmrechtsloser Anteile als auch die Ausstattung Dritter mit Letztentscheidungsrechten und die gesellschaftsvertragliche Niederlegung von put and call options möglich ist, gilt all dies für die Aktiengesellschaft nicht. Hier kann die Vermeidung von Patt-Situationen durch die Vergabe stimmrechtsloser Vorzugsaktien sichergestellt werden.
Unter Zweckmäßigkeitsgesichtspunkten sind all diese Instrumente jedoch nur eingeschränkt wertvoll, zumal sich die Gesellschaftergruppen kaum noch auf entsprechende Gestaltungen einigen werden, wenn ein Konflikt erst einmal ausgebrochen ist. Diese Regelungen teilen damit das Schicksal zahlreicher abstrakt höchst sinnvoller gesellschaftsvertraglicher Regelungen zur Lösung von Gesellschafterkonflikten: ihre Vereinbarung ist realistischerweise nur im Vorhinein möglich. Ist ein Konflikt hingegen erst einmal manifest geworden, lassen sich entsprechende Regelungen zumeist nicht mehr treffen. Umgekehrt bestehen jedoch auch zu Friedenszeiten Risiken bei der Festlegung zur Konfliktvermeidung geeigneter Bestimmungen, setzt sich der eine solche Vertragsänderung anregende Gesellschafter doch durch seinen Vorschlag unter Umständen dem Verdacht aus, Auseinandersetzungen initiieren zu wollen.

5. Zusammenfassung

Die vorstehende Untersuchung stellt klar, dass es sich bei Familienunternehmen um einen eigenen Typus wirtschaftlich tätiger Einheiten handelt, die sich von anderen, auch personalistisch geprägten, Unternehmen sehr stark unterscheiden. Diese Besonderheit bringt nicht nur zahlreiche vorteilhafte Effekte mit sich, sondern birgt anderseits auch große Gefahren für den Bestand des Unternehmens, wenn es zwischen den Gesellschaftern zur Auseinandersetzungen kommt. Diesen Gefahren kann mit einzelnen Instrumenten aus einem breit gefächerten Maßnahmenkatalog wirkungsvoll begegnet werden – wenn diese rechtzeitig eingesetzt werden.
Hier zeigt sich das Dilemma aller konfliktvermeidenden Maßnahmen: Solange sie nicht aktuell benötigt werden, werden sie gern als „nicht erforderlich" ignoriert. Werden sie hingegen benötigt, ist der Konflikt damit schon manifest, ist deren Installation meist schon nicht mehr möglich, da die Konfliktparteien hieran mitwirken müssen, sie aber jeder Initiative in diesem Stadium mit Misstrauen begegnen. Daher werden die vorgestellten Instrumente für viele Familienunternehmen nur dann hilfreich sein können, wenn sie für alle noch so unerwünschten Fälle vorgehalten werden.

Zu beachten ist, dass die vorstehend gegebenen Empfehlungen auf keinen Fall generalisiert werden können. Bei kaum einem anderen Beratungsfeld ist die Individualität des jeweiligen Unternehmens von so grundlegender Bedeutung wie bei Familienunternehmen. Vor diesem Hintergrund dürfen die vorstehenden Punkte nie mehr sein als eine Anregung, verstehen sich jedoch keinesfalls als Handlungsempfehlungen.

6. Nachwort

Für eine vertiefte Auseinandersetzung mit den geschilderten Themen verweise ich neben den weiteren nachfolgend wiedergegebenen Quellen auf meine Dissertation, die im Jahre 2007 unter dem Titel „Gesellschafterkonflikte in Familienunternehmen – Vermeidungs- und Lösungsstrategien auf gesellschaftsvertraglicher und individualvertraglicher Ebene“ im Logos-Verlag, Berlin, erschienen ist und auf der die vorstehenden Ausführungen aufbauen. Dort erfolgt eine auch fachlich vertiefte Auseinandersetzung mit den zuvor wiedergegebenen sowie weiteren Problemfeldern.

Diese Dissertation entstand zwischen 2005 und 2007 am Lehrstuhl für Bürgerliches Recht, Handels- und Gesellschaftsrecht, Europarecht und Internationales Privatrecht im Wittener Institut für Familienunternehmen der Privaten Universität Witten/Herdecke gGmbH, Professor Dr. iur. Knut Werner Lange.

Die Erstellung der genannten Dissertation wurde ermöglicht durch die großzügige Förderung der EQUA-Stiftung, Herrsching/Ammersee. Somit hat die EQUA-Stiftung, die sich intensiv mit der Förderung der Forschung zu Gesellschafterkonflikten in Familienunternehmen befasst, auch an der Erstellung der vorstehenden Seiten maßgeblichen Anteil.

Meiner Assistenz, Frau Paula Meyhoff, danke ich für Ihre wertvolle Hilfe und unermüdliche Einsatzbereitschaft bei der Erstellung des Manuskripts.

7. Literaturverzeichnis

BAUMBACH, ADOLF/HOPT, KLAUS J./MERKT, HANNO

Handelsgesetzbuch, 32. Auflage, München 2006 *(zitiert als Baumbach/Hopt)*

BAUS, KIRSTEN

Die Familienstrategie. Wie Familien ihr Unternehmen über Generationen sichern, Wiesbaden 2003

BAUS, KIRSTEN/KÖGEL, RAINER

Vertrauen statt Misstrauen, Schriftenreihe des Kirsten Baus Instituts für Familienstrategie, Stuttgart 2006

BINZ, MARK K./SORG, MARTIN H.

Bilanzierungskompetenzen bei der Personengesellschaft, zugl. Besprechung des BGH-Urteils vom 29.03.1996 – II ZR 264/94, veröffentlicht in BGHZ 132, S. 263, DB 1996, S. 969

BÖHM, NICOLAS

Konfliktbeilegung in personalistischen Gesellschaften, Köln 2000, zugl. Frankfurt/Oder, Univ., Dissertation 1999

BREIDENBACH, STEPHAN

Mediation – Struktur, Chancen und Risiken von Vermittlung im Konflikt, Köln 1995

DENDORFER, RENATE

Wirtschaftsmediation: Die Abkehr von der Streithansel-Kultur, DB 2003, S. 135

EBENROTH, CARSTEN THOMAS/BOUJONG, KARLHEINZ/JOOST, DETLEV (HG.)

Handelsgesetzbuch, Band 1: §§ 1 – 342 a, München 2001

FABIS, FELIX GEORG

Gesellschafterkonflikte in Familienunternehmen: Vermeidungs- und Lösungsstrategien auf gesellschaftsvertraglicher und individualvertraglicher Ebene, Berlin 2007 (zugl. Witten/Herdecke, Univ., Dissertation 2007)

FABIS, HENRICH

Anmerkung zum Beschluss des OLG Köln vom 21.12.2001 – 2 Wx 59/01, EWiR 2002, S. 381

FRIEDMAN, SCOTT E.

The Successful Family Business, Chicago IL 1998

GOETTE, WULF

Anmerkung zum Urteil des BGH vom 03.04.2000- II ZR 373/98, DStR 2000, S. 937

HADDING, WALTHER; IMMENGA, ULRICH; MERTENS, HANS-JOACHIM ET AL.

Festschrift für Winfried Werner zum 65. Geburtstag am 17. Oktober 1984, Handelsrecht und Wirtschaftsrecht in der Bankpraxis, Berlin/New York 1984

HAFTLMEIER-SEIFFERT, RENA

Eigenkapitalpartnerschaft in Familienunternehmen, Equa-Schriftenreihe Nr. 3-07, Herrsching 2007

HEIDEL, THOMAS (HRSG.)

Aktienrecht und Kapitalmarktrecht, 2. Auflage, Baden-Baden 2007

HENN,GÜNTER

Handbuch des Aktienrechts, 7. Auflage, Heidelberg 2002

HENNERKES, BRUN-HAGEN

Die Familie und ihr Unternehmen; Strategie, Liquidität, Kontrolle, Frankfurt/New York 2004

HENNERKES, BRUN-HAGEN/BINZ, MARK. K./MAY, PETER

Die Steuerungsfunktion des Beirates in der Familiengesellschaft. Zur notwendigen Anpassung von Gesellschaftsverträgen an geänderte Erfordernisse der Unternehmensführung, DB 1987, S. 469

HENNERKES, BRUN-HAGEN/KIRCHDÖRFER, RAINER (HRSG.)

Unternehmenshandbuch Familiengesellschaften. Sicherung von Unternehmen, Vermögen und Familie, 2. Auflage, Köln/Bonn/Berlin/München 1998

HENNERKES, BRUN-HAGEN/MAY, PETER

Der Gesellschaftsvertrag des Familienunternehmens – Ein Überblick über die Gestaltungsschwerpunkte, NJW 1988, S. 2761

HENNERKES, BRUN-HAGEN/SCHIFFER, K. JAN

Schiedsgerichtsbarkeit und mittelständische Unternehmen, BB 1992, S. 1439

HEYMANN, ERNST (BEGR.)/EMMERICH, VOLKER/HORN, NORBERT (HRSG.)

Handelsgesetzbuch; Band 2. §§ 195 – 237, 2. Auflage, Berlin 1997

HINTERHUBER, HANS H./ RECHENAUER, OTTMAR / STUMPF, MONIKA (HRSG.)

Die mittelständische Familienunternehmung. Die Integration der beiden Subsysteme Familie und Unternehmung in den 90er Jahren, Frankfurt a.M. 1994

HOMMELHOFF, PETER/SCHMIDT-DIEMITZ, ROLF/SIGLE, AXEL

Familiengesellschaften. Festschrift für Walter Sigle zum 70. Geburtstag, Köln 2000

HOYNINGEN-HUENE, DAGMAR VON

Mediation – Eine Alternative zum gerichtlichen Verfahren, JuS 1997, S. 352

HUBER, HERWART

Der Beirat, Praxis-Ratgeber für Gesellschaften, Beiräte und ihre Berater, Köln 2004

ILIOU, CHRISTOPHER DAVID

Die Nutzung von Corporate Governance in mittelständischen Familienunternehmen, Berlin 2004, zugl. Witten/Herdecke, Univ., Dissertation 2004

KLETT, DAVID J.

Familie qua Unternehmen: Wie sich Großfamilien an den Zumutungen eines Betriebs stärken können, Kontext 38 (2007), S. 6, 9.

KORMANN, HERMUT

Beiräte in der Verantwortung: Aufsicht und Rat in Familienunternehmen, Berlin/Heidelberg 2008

LANGE, KNUT WERNER

Der Beirat als Element der Corporate Governance in Familienunternehmen, GmbHR 2006, S. 897

LANGENFELD, GERRIT/GAIL, WILFRIED

Handbuch der Familienunternehmen. Gesellschafts-, Steuer-, Güter- und Erbrecht der Einzelunternehmen und Familiengesellschaften mit Mustersammlung, Loseblatt Stand 2007, Köln

LEISS, MYRTO

Effizienz und Trainierbarkeit der Mediation im Wirtschaftsrecht: Ein empirischer Ansatz, ZRP 2005, S. 233

LÖRCHER, GINO

Das neue Recht der Schiedsgerichtsbarkeit, DB 1998, S. 245

LUTTER, MARCUS/HOMMELHOFF, PETER (HRSG.)
GmbH-Gesetz, 16. Auflage, Köln 2004

PELTZER, MARTIN
Beirat und familienfremdes Management in der Familiengesellschaft, in Hommelhoff et al., Familiengesellschaften, Festschrift für Walter Sigle, Köln 2000

PRIESTER, HANS-JOACHIM
Drittbindung des Stimmrechts und Satzungsautonomie, in: Hadding, Walther et al. (Hrsg.), Festschrift für Winfried Werner zum 65. Geburtstag, Berlin/New York, 1984, S. 657

REBMANN, KURT/RIXECKER, ROLAND/SÄCKER, FRANZ-J. (HRSG.)
Münchener Kommentar zum Bürgerlichen Gesetzbuch, Band 5, Schuldrecht Besonderer Teil III, §§ 705-853, 4. Auflage, München 2004

REICHERT, JOCHEM/WINTER, MARTIN
Die „Abberufung" und Ausschließung des geschäftsführenden Gesellschafters der Publikums-Personengesellschaft, zugleich Besprechung der BGH-Entscheidung vom 09.11.1987 – II ZR 100/87, BGHZ 102, S. 172, BB 1988, S. 981

RINGLEB, HENRIK-M./KREMER, THOMAS/LUTTER, MARCUS/V. WERDER, AXEL
Kommentar zum Deutschen Corporate Governance, Kodex, 2. Auflage, München 2005

RISSE, JÖRG
Neue Wege der Konfliktbewältigung: Last-Offer-Schiedsverfahren, High/Low-Arbitration und Michigan-Mediation, BB 2001, Beilage 2 zu Heft 16, S. 16

RISSE, JÖRG
Beilegung von Erbstreitigkeiten durch Mediationsverfahren, ZEV 1999, S. 205

RUTER, RUDOLF X./THÜMMEL, RODERICH C.

Beiräte in mittelständischen Familienunternehmen, 2. Aufl., Stuttgart 2009

SCHIFFER, K. JAN

Wirtschaftsschiedsgerichtsbarkeit, Köln et al. 1999

SCHLEGELBERGER, FRANZ/GESSLER, ERNST ET AL. (HRSG.)

Handelsgesetzbuch, Band III./1. Halbband: §§ 105-160, 4. Auflage, München 1992

SCHLIPPE, ARIST V./GROTH, TORSTEN

The Power of Stories – Zur Funktion von Geschichten in Familienunternehmen, Kontext 38 (2007), S. 26

SCHMIDT, KARSTEN

Gesellschaftsrecht, 4. Auflage, Köln/Berlin/Bonn/München 2002

SIGLE, WALTER

Beiräte, NZG 1998, S. 619

SIMON, FRITZ B.

Die Familie des Familienunternehmens – Ein System zwischen Gefühl und Geschäft, 2. Auflage, Heidelberg 2005

SIMON, FRITZ B./WIMMER, RUDOLF/GROTH, TORSTEN

Mehr-Generationen-Familienunternehmen, Heidelberg 2005

STAUDINGER, JULIUS V. (BEGR.)

J. v. Staudingers Kommentar zum Bürgerlichen Gesetzbuch, Buch 2: Recht der Schuldverhältnisse. §§ 652-740, 12. Auflage, Berlin 1991

STAUDINGER, JULIUS V. (BEGR.)

J. v. Staudingers Kommentar zum Bürgerlichen Gesetzbuch, Buch 2: Recht der Schuldverhältnisse. §§ 705-740 (Gesellschaftsrecht), 13. Auflage, Berlin 2003

SUDHOFF, HEINRICH (BEGR.)

Familienunternehmen, 2. Auflage, München 2005 *(zit. als Sudhoff, 2005-1)*

SUDHOFF, HEINRICH (BEGR.)

Unternehmensnachfolge, 5. Auflage, München 2005 *(zit. als Sudhoff, 2005-2)*

THÜMMEL, RODERICH

Möglichkeiten und Grenzen der Kompetenzverlagerung auf Beiräte in der Personengesellschaft und in der GmbH, DB 1995, S. 2461

VOGLER, MARCUS

Die Aufgaben des Beirats im Familienunternehmen unter Berücksichtigung rechtlicher Aspekte, Bergisch Gladbach 1990, zugl. Stuttgart, Univ., Dissertation 1990

WIECHERS, RALPH

Familienmanagement zwischen Unternehmen und Familie, Heidelberg 2006

WIEDEMANN, ANDREAS/KÖGEL, RAINER

Beirat und Aufsichtsrat in Familienunternehmen, München 2008

WIESELHUBER, NORBERT/LOHNER, ANDREAS M./THUM, GUSTL F.

Gestaltung und Führung von Familienunternehmen, Bonn 2005

WIMMER, RUDOLF/GROTH, TORSTEN/SIMON, FRITZ B.

Erfolgsmuster von Mehrgenrationen-Familienunternehmen, Wittener Diskussionspapiere Nr. 2, Witten 2004

WINNEFELD, ROBERT

Bilanzhandbuch, 4. Auflage, München 2006

WOLLBURG, RALPH

Unternehmensinteresse und Vergütungsentscheidungen, ZIP 2004, S. 646

Schriften zu Familienunternehmen

Herausgegeben vom Wittener Institut für Familienunternehmen

Band 1
Arist von Schlippe, Tom Rüsen und Torsten Groth (Hrsg.)
Beiträge zur Theorie des Familienunternehmens
Lohmar – Köln 2009 • 304 S. • € 59,- (D) • ISBN 978-3-89936-823-9

Band 2
Tom A. Rüsen, Arist von Schlippe und Torsten Groth (Hrsg.)
Familienunternehmen – Exploration einer Unternehmensform
Lohmar – Köln 2009 • 324 S. • € 62,- (D) • ISBN 978-3-89936-850-5

Band 3
Felix Georg Fabis
Konflikte im Familienunternehmen – Instrumente zur Vermeidung und Lösung
Lohmar – Köln 2009 • 132 S. • € 43,- (D) • ISBN 978-3-89936-868-0